U0343560

计算机组成原理实验

主 编 田 祎 樊景博 刘爱军

天津大学出版社
TIANJIN UNIVERSITY PRESS

内容提要

　　"计算机组成原理实验"课程是计算机相关专业本科生的重要基础课程,具有较强的理论性和实践性。本书作为理论教材的延伸,从教学需求角度出发,在充分考虑相关课程理论体系结构的基础上,依托实验平台相关实验。

　　本书主要分为四部分内容,第一部分为实验预备知识,主要介绍了各种基本逻辑、组合逻辑、计数器和定时器,为后续实验的顺利进行奠定基础;第二部分为基本原理类实验,主要介绍了实验平台的使用,并设计了6个实验项目,使学生通过实验进一步掌握计算机各个组成部件的工作原理;第三部分为综合设计类实验,包括6个实验项目,学生可以系统地掌握计算机中各部件是如何协调工作的;第四部分为基于EDA平台的综合设计类实验,主要介绍了相关实验基础知识,并设计了15个实验项目,以更好地培养学生的动手能力、工程意识和创新能力。本书的每个实验相互独立,使用者可根据课时进行选择,本书也可作为课程设计参考书。

图书在版编目(CIP)数据

　　计算机组成原理实验/田祎,樊景博,刘爱军主编.—天津:天津大学出版社,2014.8
　　ISBN 978-7-5618-5154-8

　　Ⅰ.①计… Ⅱ.①田… ②樊… ③刘… Ⅲ.①计算机
－组成原理－实验－教材 Ⅳ.①TP301-33

　　中国版本图书馆 CIP 数据核字(2014)第 183161 号

出版发行	天津大学出版社
出 版 人	杨欢
地　　址	天津市卫津路 92 号天津大学内(邮编:300072)
电　　话	发行部:022-27403647
网　　址	publish. tju. edu. cn
印　　刷	北京京华虎彩印刷有限公司
经　　销	全国各地新华书店
开　　本	185mm×260mm
印　　张	16
字　　数	399 千
版　　次	2014 年 9 月第 1 版
印　　次	2014 年 9 月第 1 次
定　　价	32.00 元

前　言

　　"计算机组成原理实验"是计算机科学与技术、网络工程等计算机相关专业的一门主干课程。它主要讲述了计算机系统各大部件的组成和工作原理,各大部件集成整机的工作机制,并建立计算机工作的整体概念,具有理论性强、知识涵盖面广、更新快、与其他计算机课程联系紧密等特点,因此也是计算机相关专业的基础课程和核心课程之一。其实验环节在教学中占有很重要的地位。通过实验教学,可以使学生进一步融会贯通理论教材内容,更好地掌握计算机各功能模块的组成及工作原理,掌握各模块之间的相互联系,完整地从时间上和空间上建立计算机的整机概念,掌握计算机硬件系统的分析、设计、组装和调试的基本技能。

　　本门课程的实验往往要与具体的实验环境相结合,实验环境不同,开设的课程及实验的内容也不同。本书从教学需求角度出发,采用西安唐都科教仪器开发有限责任公司生产的 TD-CMA 计算机组成原理与系统结构教学实验系统,针对计算机专业本科教学需求,设计了计算机各组成部件的原理类实验、整机测试的综合实验和基于 EDA 平台的设计类实验。原理类实验和整机测试综合实验的目的是使学生通过实验进一步掌握计算机各个组成部件的工作原理,并真正系统地掌握计算机中各部件是如何协调工作的。除此之外,本书根据应用型院校特点,设计了基于 EDA 平台的设计类实验,学生在掌握 VHDL 或 Verilog HDL 后,进一步学习本书介绍的 Altera 公司系列设计软件 Quartus II 和 TD-CMA 综合实验平台,能更好地培养学生的动手能力、工程意识和创新能力。

　　本书由田祎、攀景博、刘爱军团主编,田祎统稿。其中第一部分、第四部分、附录由田祎老师编写,第二部分由刘爱军副教授编写,第三部分由樊景博教授编写。刘爱军副教授对全书进行了统编,樊景博教授对全书进行了审查。在编写过程中,充分吸纳、借鉴了西安唐都科教仪器开发有限责任公司和 Altera 公司的经验和资料,同时参考了大量书籍和技术文献。在此,向这些资料的作者表示衷心的感谢。

　　由于作者水平有限,加之计算机技术飞速发展,新的理念和技术层出不穷,本书难免有不足之处,恳请广大读者批评、指正。

编者
2014 年 5 月

目 录

第一部分 实验预备知识

1.1 数字电路基础

1.1.1 基本逻辑

1.1.1.1 与逻辑

决定某事件结果的所有条件都具备,事件才发生;而只要其中一个条件不具备,结果就不能发生,这种逻辑关系称为与逻辑关系。

(1)电路示意图如图 1-1 所示。

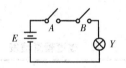

图 1-1　与逻辑电路示意图

开关:"1"表示闭合,"0"表示断开。

灯:"1"表示灯亮,"0"表示灯灭。

(2)真值表如表 1-1 所示。

把输入所有可能的组合与输出取值对应,列成真值表。

表 1-1　与逻辑真值表

A	B	Y
0	0	0
0	1	0
1	0	0
1	1	1

由表 1-1 可以得出,与逻辑功能为"有 0 出 0,全 1 出 1"。

(3)逻辑表达式:$Y = A \cdot B$(逻辑乘)。

（4）逻辑符号如图1-2所示。

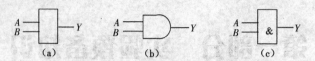

图1-2　逻辑符号

（a）常用符号　　（b）国外流行符号　　（c）国标

1.1.1.2　或逻辑

在多个条件中，只要具备一个条件，事件就会发生；只有所有条件均不具备时，事件才不发生，这种逻辑关系称为或逻辑关系。

（1）电路示意图如图1-3所示。

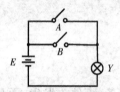

图1-3　或逻辑电路示意图

（2）真值表如表1-2所示。

经分析可以列出或逻辑真值表。

表1-2　或逻辑真值表

A	B	Y
0	0	0
0	1	1
1	0	1
1	1	1

由表1-2可以得出，或逻辑功能为"有1出1，全0出0"。

（3）逻辑表达式：$Y = A + B$（逻辑加）。

（4）逻辑符号如图1-4所示。

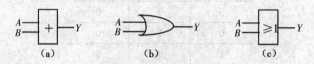

图1-4　或逻辑符号

（a）常用符号　　（b）国外流行符号　　（c）国标

1.1.1.3   非逻辑

（1）电路示意图如图1-5所示。

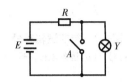

图1-5   非逻辑电路示意图

（2）真值表如表1-3所示。

经分析可以列出非逻辑真值表。

表1-3   非逻辑真值表

A	Y
0	1
1	0

由表1-3可以得出，非逻辑功能为"是0出1，是1出0"。

（3）逻辑表达式：$Y = \overline{A}$。

（4）逻辑符号如图1-6所示。

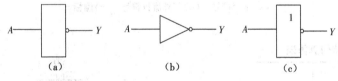

（a）   （b）   （c）

图1-6   非逻辑符号

（a）常用符号   （b）国外流行符号   （c）国标

1.1.2   组合逻辑门电路

1.1.2.1   与非门电路

（1）逻辑符号如图1-7所示。

（2）真值表如表1-4所示，电路示意图如图1-8所示。

（3）逻辑函数表达式：$Y = \overline{A \cdot B}$。

1.1.2.2   或非门电路

（1）逻辑符号如图1-9所示。

（2）真值表如表1-5所示，电路示意图如图1-10所示。

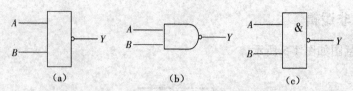

图 1-7　与非逻辑符号

（a）常用符号　（b）国外流行符号　（c）国标

表 1-4　与非门真值表

A	B	Y
0	0	1
0	1	1
1	0	1
1	1	0

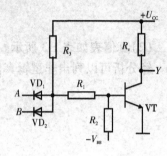

图 1-8　电路示意图

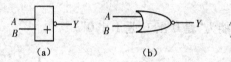

图 1-9　或非逻辑符号

（a）常用符号　（b）国外流行符号　（c）国标

表 1-5　或非门真值表

A	B	Y
0	0	1
0	1	0
1	0	0
1	1	0

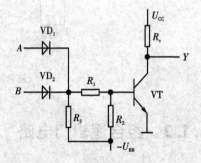

图 1-10　电路示意图

（3）逻辑函数表达式：$Y = \overline{A + B}$。

1.1.2.3　异或门与同或门

1. 异或门的逻辑电路

（1）逻辑符号如图 1-11 所示。

（2）异或门真值表如表 1-6 所示，逻辑电路示意图如图 1-12 所示。

（a）

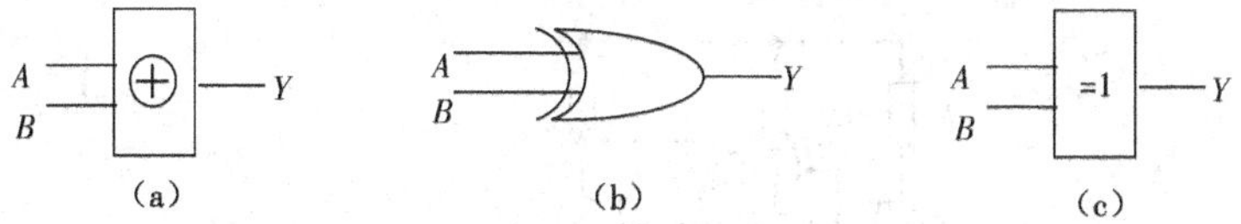

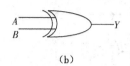
（b）

（c）

图 1-11　异或逻辑符号

（a）常用符号　　（b）国外流行符号　　（c）国标

表 1-6　异或门真值表

A	B	Y
0	0	0
0	1	1
1	0	1
1	1	0

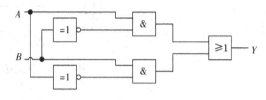

图 1-12　逻辑电路示意图

（3）逻辑函数表达式：$Y = A\bar{B} + \bar{A}B = A \oplus B$。

2. 同或门的逻辑电路

（1）逻辑符号如图 1-13 所示。

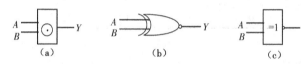

（a）　　　　　　（b）　　　　　　（c）

图 1-13　同或逻辑符号

（a）常用符号　　（b）国外流行符号　　（c）国标

（2）同或门真值表如表 1-7 所示，逻辑电路示意图如图 1-14 所示。

表 1-7　同或门真值表

A	B	Y
0	0	1
0	1	0
1	0	0
1	1	1

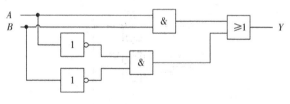

图 1-14　逻辑电路示意图

（3）逻辑函数表达式：$Y = \bar{A}\bar{B} + AB = A \odot B$。

1.1.2.4　三态输出门（TSL 门）

1. 三态输出门

三态输出门电路及符号如图 1-15 所示。图中，$\overline{EN}$ 为控制端，又称使能端。$\overline{EN} = 0$ 时，三态门开门，执行与非门功能；$\overline{EN} = 1$ 时，三态门关闭，呈高阻状态。还有一种 $\overline{EN} = 1$ 有效的三态门，当 $\overline{EN} = 1$ 时三态门开门，执行与非门功能；若 $\overline{EN} = 0$，三态门关闭，呈高阻状态，其真值表如表 1-8 所示。

5

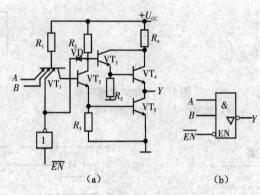

图 1-15　三态输出门电路及符号

(a)电路　(b)符号

表 1-8　$EN = 0$ 有效的三态输出与非门真值表

EN	A	B	Y
1	×	×	高阻状态
0	0	0	1
0	0	1	1
0	1	0	1
0	1	1	0

2. 三态输出门的应用

(1)用三态输出门构成单向总线,如图 1-16(a)所示。

(2)用三态输出门构成双向总线,如图 1-16(b)所示。

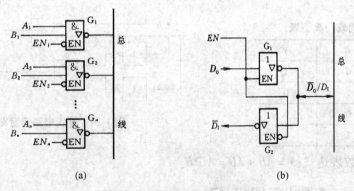

(a)　　　　　　　　　　　(b)

图 1-16　三态输出门构成总线图

(a)单向总线　(b)双向总线

1.1.2.5　译码器

译码:将表示特定意义信息的二进制代码翻译成对应的输出信号,以表示其原来含意。

译码器:实现译码功能的电路。

二进制译码原则:用 n 位二进制代码可以表示 2^n 个信号,则对 n 位二进制代码译码时,应由 $2^n \geq N$ 来确定译码信号位数 N。

二进制译码器:将输入二进制代码译成相应输出信号的电路。它有 2 个输入端、4 个输出端,因此又称 2 线—4 线译码器。

(1)逻辑电路示意图如图 1-17 所示。

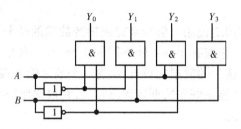

图 1-17 逻辑电路示意图

输入端: A、B 为二进制代码。

输出端: Y_3、Y_2、Y_1、Y_0,高电平有效。

(2)真值表如表 1-9 所示。

表 1-9 真值表

A	B	Y_0	Y_1	Y_2	Y_3
0	0	1	0	0	0
0	1	0	1	0	0
1	0	0	0	1	0
1	1	0	0	0	1

(3)输出逻辑函数式:

$$Y_0 = \bar{A}\bar{B} \qquad Y_1 = \bar{A}B$$
$$Y_2 = A\bar{B} \qquad Y_3 = AB$$

(4)典型集成电路产品及应用:2 线—4 线译码器的典型产品有 74LS139、74LS155、74LS156。74LS139 是 2 线—4 线译码器,其外引线功能如图 1-18 所示。

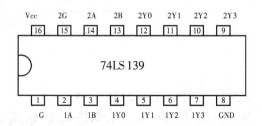

图 1-18 74LS139 外引线功能示意图

2 线—4 线译码器可以用于工业自动化控制。将两个信号 A、B 作为输入,输入 2 线—4 线译码器时,其输入代码 00、01、10、11 将被译码成为表 1-9 中的四种状态输出,在四种状态下,

Y_0、Y_1、Y_2、Y_3 各只有一个输出为高电平,其余为低电平。高、低电平状态分辨出了机械的控制要求,从而实现了对机械工作过程的控制。

1.1.2.6 数据选择器

在多路数据传输过程中,经常需要将其中一路信号挑选出来进行传输,这就需要用到数据选择器。

在数据选择器中,通常用地址输入信号来完成挑选数据的任务。如一个 4 选 1 的数据选择器,应有两个地址输入端,它共有 $2^2 = 4$ 种不同的组合,每一种组合可选择对应的一路输入数据输出。同理,对一个 8 选 1 的数据选择器,应有 3 个地址输入端,其余类推。

而多路数据分配器的功能正好和数据选择器相反,它根据地址码的不同,将一路数据分配到相应的一个输出端上输出。

根据地址码的要求,从多路输入信号中选择其中一路输出的电路,称为数据选择器。其功能相当于一个受控波段开关。多路输入信号 N 个,输出 1 个,地址码 n 位。应满足 $2^n \geq N$。

1.4 选 1 数据选择器

(1)逻辑电路:D_3、D_2、D_1、D_0 为数据输入端,A_1、A_0 为地址信号输入端,Y 为数据输出端,$\overline{ST}$ 为使能端(又称选通端),输入低电平有效。

(2)真值表:4 选 1 数据选择器的真值表如表 1-10 所示。

表 1-10 4 选 1 数据选择器的真值表

	输入						输出
使能端	A_1	A_0	D_3	D_2	D_1	D_0	Y
1	×	×	×	×	×	×	0
0	0	0	×	×	×	0	1 D_0
0	0	0	×	×	×	1	
0	0	1	×	×	0	×	1 D_1
0	0	1	×	×	1	×	
0	1	0	×	0	×	×	1 D_2
0	1	0	×	1	×	×	
0	1	1	0	×	×	×	1 D_3
0	1	1	1	×	×	×	

2.8 选 1 数据选择器

以 MSI 器件 TTL 8 选 1 数据选择器 CT74LS151 为例。

(1)逻辑电路:D_7、D_6、D_5、D_4、D_3、D_2、D_1、D_0 为数据输入端,A_2、A_1、A_0 为地址信号输入端,Y 和 $\overline{Y}$ 为互补输出端,$\overline{ST}$ 为使能端(又称选通端),输入低电平有效。

(2)真值表数据选择器 CT74LS151 的真值表如表 1-11 所示。

表 1-11　数据选择器 CT74LS151 的真值表

输入				输出	
使能端	A_2	A_1	A_0	Y	$\bar{Y}$
1	×	×	×	0	1
0	0	0	0	D_0	D_0
0	0	0	1	D_1	D_1
0	0	1	0	D_2	D_2
0	0	1	1	D_3	D_3
0	1	0	0	D_4	D_4
0	1	0	1	D_5	D_5
0	1	1	0	D_6	D_6
0	1	1	1	D_7	D_7

3. 数据分配器

数据分配是数据选择的逆过程。

根据地址信号的要求,将一路数据分配到指定输出通道上去的电路,称为数据分配器。其示意图如图 1-19 所示。

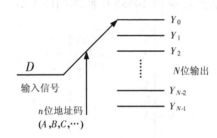

图 1-19　数据分配器示意图

如将译码器的使能端作为数据输入端,二进制代码输入端作为地址信号输入端使用时,则译码器便成为一个数据分配器。

3 线—8 线译码器 CT74LS138 构成的 8 路数据分配器,示意图如图 1-20 所示。

1. 1. 2. 7　数值比较器

用于比较两个数大小或相等与否的电路,称为数值比较器。

1.1 位数值比较器

1 位数值比较器是一位二进制数 A 和 B 进行比较的电路。比较结果有三种情况:

$$A > B; \quad A = B; \quad A < B$$

2. 多位数值比较器

多位二进制数比较大小的方法:如两个 4 位二进制数 $A = A_3A_2A_1A_0$ 和 $B = B_3B_2B_1B_0$ 进行比较时,则需从高位到低位逐位进行比较。只有在高位相等时,才能进行低位的比较。当比较到

$A_2 \sim A_0$为地址信号输入端

$Y_0 \sim Y_7$为数据输出端

从使能端ST_A、$\overline{ST_B}$、$\overline{ST_C}$中选择一个作为数据输入端D，
如$\overline{ST_B}$或$\overline{ST_C}$作为数据输入端D时，输出原码；
如ST_A作为数据输入端D时，输出反码。

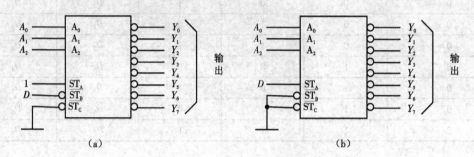

图1-20 8路数据分配器示意图

(a)输出原码的接法 (b)输出反码的接法

某一位数值不等时，其结果便为两个4位数的比较结果。

1）引脚图

MSI器件：CMOS 4位数值比较器CC14585引脚图如图1-21所示。

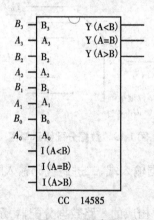

CC 14585

图1-21 引脚图

A_3、A_2、A_1、A_0和B_3、B_2、B_1、B_0：两个4位二进制数输入端。$I_{(A>B)}$、$I_{(A<B)}$、$I_{(A=B)}$：扩展端，供超过4位数比较时片间级连。$Y_{(A>B)}$、$Y_{(A<B)}$、$Y_{(A=B)}$：比较结果输出端，高电平有效。

2）逻辑函数式

$$
\begin{cases}
Y_{(A<B)} = A_3\overline{B_3} + (A_3 \odot B_3)A_2B_2 + (A_3 \odot B_3)(A_2 \odot B_2)A_1B_1 + (A_3 \odot B_3)(A_2 \odot B_2)\\
\qquad\qquad A_0B_0 + (A_3 \odot B_3)(A_2 \odot B_2)(A_1 \odot B_1)(A_0 \odot B_0)I_{(A<B)}\\
Y_{(A=B)} = (A_3 \odot B_3)(A_2 \odot B_2)(A_1 \odot B_1)(A_0 \odot B_0)I_{(A=B)}\\
Y_{(A>B)} = \overline{Y_{(A<B)} + Y_{(A=B)}}
\end{cases}
$$

3）使用方法

（1）只比较两个 4 位二进制数时,用一片 CC14585 即可,将扩展端 $I_{(A<B)}$ 接低电平,$I_{(A>B)}$ 和 $I_{(A=B)}$ 接高电平。

（2）当比较两个 4 位以上、8 位以下的二进制数时,需两片 CC14585,要用扩展端。应先比较两个高 4 位的二进制数,在高 4 位数相等时,才能比较低 4 位数。只有在两个 4 位二进制数相等时,输出才由 $I_{(A<B)}$、$I_{(A>B)}$、$I_{(A=B)}$ 决定。图 1-22 所示为用两片 CC14585 组成的 8 位数值比较器。

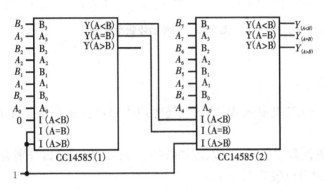

图 1-22　8 位数值比较器

将低位片的 $I_{(A<B)}$ 接低电平 0,$I_{(A>B)}$ 和 $I_{(A=B)}$ 接高电平 1;将低位片的输出比较结果 $Y_{(A<B)}$ 和 $Y_{(A=B)}$ 与高位片的扩展端 $I_{(A<B)}$ 和 $I_{(A=B)}$ 相连。

1.1.2.8　加法器

1. 半加器

1）定义

只考虑两个一位二进制数的相加,不考虑来自低位进位数的运算电路,称为半加器。

如在第 i 位的两个加数 A_i 和 B_i 相加,它除产生本位和数 S_i 之外,还有一个向高位的进位数。

输入信号:加数 A_i,被加数 B_i。

输出信号:本位和 S_i,向高位的进位 C_i。

2）真值表

根据二进制加法原则（逢二进一）,得真值表如表 1-12 所示。

表 1-12　真值表

A_i	B_i	S_i	C_i
0	0	0	0
0	1	1	0
1	0	1	0
1	1	0	1

3）逻辑函数表达式

$$S_i = \overline{A_i}B_i + A_i\overline{B_i} \quad C_i = A_iB_i$$

4）逻辑电路

半加器的逻辑电路由一个异或门和一个与门组成，如图 1-23 所示。

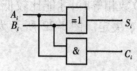

图 1-23　半加器逻辑电路图

2. 全加器

1）定义

不仅考虑两个一位二进制数相加，而且还考虑来自低位进位数相加的运算电路，称为全加器。

如在第 i 位二进制数相加时，加数、被加数和来自低位的进位数分别为 A_i、B_i、C_{i-1}，输出本位和及向相邻高位的进位数分别为 S_i、C_i。

输入信号：加数 A_i，被加数 B_i，来自低位的进位 C_{i-1}。

输出信号：本位和 S_i，向高位的进位 C_i。

2）真值表

真值表如表 1-13 所示。

表 1-13　真值表

A_i	B_i	C_{i-1}	S_i	C_i
0	0	0	0	0
0	0	1	1	0
0	1	0	1	0
0	1	1	0	1
1	0	0	1	0
1	0	1	0	1
1	1	0	0	1
1	1	1	1	1

3）逻辑函数断开表达式

$$\begin{aligned}
S_i &= \overline{A_i}\,\overline{B_i}C_{i-1} + \overline{A_i}B_i\,\overline{C_{i-1}} + A_i\,\overline{B_i}\,\overline{C_{i-1}} + A_iB_iC_{i-1} \\
&= (\overline{A_i}\,\overline{B_i} + A_iB_i)C_{i-1} + (\overline{A_i}B_i + A_i\,\overline{B_i})\overline{C_{i-1}} \\
&= \overline{A_i \oplus B_i}\,C_{i-1} + (A_i \oplus B_i)\overline{C_{i-1}} \\
&= A_i \oplus B_i \oplus C_{i-1} \\
C_i &= \overline{A_i}B_iC_{i-1} + A_i\,\overline{B_i}C_{i-1} + A_iB_i\,\overline{C_{i-1}} + A_iB_iC_{i-1}
\end{aligned}$$

$$= (A_i \oplus B_i)C_{i-1} + A_iB_i$$

4）逻辑电路

逻辑电路如图 1-24 所示。

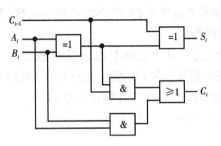

图 1-24　全加器逻辑电路图

1.1.2.9　多位加法器

1）含义

实现多位加法运算的电路,称为多位加法器。

2）进位方法——串行进位

图 1-25 所示为由 4 个全加器组成的 4 位串行进位的加法器。

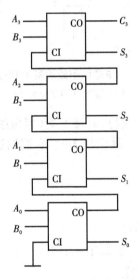

图 1-25　串行进位加法器

低位全加器输出的进位信号依次加到相邻高位全加器的进位输入端 CI,最低位的进位输入端 CI 接地。显然,每一位的相加结果必须等到低一位的进位信号产生后才能建立起来。

其主要缺点是运算速度比较慢,优点:电路比较简单。

1.1.2.10　超前进位加法器(具体请参考教材)

超前进位和法器主要优点是运算速度较高。

1.1.2.11 基本时序逻辑电路

门电路:在某一时刻的输出信号完全取决于该时刻的输入信号,没有记忆作用。

触发器:具有记忆功能的基本逻辑电路,能存储二进制信息(数字信息)。

触发器有如下三个基本特性:

(1)有两个稳态,可分别表示二进制数码 0 和 1,无外触发时可维持稳态;

(2)外触发下,两个稳态可相互转换(称翻转),已转换的稳定状态可长期保持下来,这就使得触发器能够记忆二进制信息,常用作二进制存储单元;

(3)有两个互补输出端,分别用 Q 和 $\overline{Q}$ 表示。

1. 基本 RS 触发器

1)由与非门组成的基本 RS 触发器

Ⅰ. 电路结构

电路组成:两个与非门输入和输出交叉耦合(反馈延时),如图 1-26(a)所示。

逻辑符号如图 1-26(b)所示。

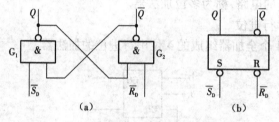

图 1-26 由与非门组成的基本 RS 触发器

(a)电路 (b)逻辑符号

(1)信号输入端:$\overline{R_D}$ 置 0 端(复位端),$\overline{S_D}$ 置 1 端(置位端)。

(2)输出端:Q 和 $\overline{Q}$ 在触发器处于稳定状态时,它们的输出状态相反。

1 状态:$Q=1,\overline{Q}=0$。

0 状态:$Q=0,\overline{Q}=1$。

Ⅱ. 逻辑功能

(1)当 $\overline{R_D}=0,\overline{S_D}=1$ 时,触发器置 0。

输入 $\overline{R_D}$ 端称为置 0 端,也称复位端,低电平有效。

(2)当 $\overline{R_D}=1,\overline{S_D}=0$ 时,触发器置 1。

输入 $\overline{S_D}$ 端称为置 1 端,也称置位端,低电平有效。

(3)当 $\overline{R_D}=1,\overline{S_D}=1$ 时,触发器保持原状态不变。

如触发器原处于 $Q=0,\overline{Q}=1$ 的 0 状态时,电路保持 0 状态不变。

如触发器原处于 $Q=1,\overline{Q}=0$ 的 1 状态时,电路保持 1 状态不变。

(4)触发器状态不定。

当 $\overline{R_D}=0,\overline{S_D}=0$ 时,触发器状态不定:输出 $Q=\overline{Q}=1$,这既不是 1 状态,也不是 0 状态,会造成逻辑混乱。

当 $\overline{R_D}$ 和 $\overline{S_D}$ 同时由 0 变为 1 时,由于 G_1 和 G_2 延迟时间上的差异,触发器输出状态无法预

知,可能是 1 状态,也可是 0 状态。实际上,这种情况是不允许的。因此,基本 RS 触发器有约束条件:

$$\overline{R_\mathrm{D}} + \overline{S_\mathrm{D}} = 1$$

Ⅲ. 特性表

现态:触发器输入信号变化前的状态,用 Q^n 表示。

次态:触发器输入信号变化后的状态,用 Q^{n+1} 表示。

特性表:触发器次态 Q^{n+1} 与输入信号和电路原有状态 Q^n(现态)之间关系的真值表,如表 1-14 所示。

表 1-14　与非门组成的基本 RS 触发器的特性表

$\overline{R_\mathrm{D}}$	$\overline{S_\mathrm{D}}$	Q^n	Q^{n+1}	说明
0	0	0	×	不定
0	0	1	×	
0	1	0	0	置0
0	1	1	0	
1	0	0	1	置1
1	0	1	1	
1	1	0	0	保持
1	1	1	1	

2)由或非门组成的基本 *RS* 触发器

Ⅰ. 电路构成

两个或非门的输入和输出交叉耦合而成,如图 1-27(a)所示。逻辑符号如图 1-27(b)所示。

Ⅱ. 输入信号

高电平有效。R_D 为置 0 端,S_D 为置 1 端。

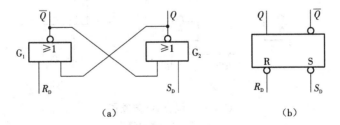

（a）　　　　　　　　　（b）

图 1-27　由或非门组成的基本 RS 触发器

（a）电路　（b）逻辑符号

Ⅲ. 工作原理

在与非门实现的基本 RS 触发器的基础上稍作变化。

Ⅳ. 特性表

或非门组成的基本 RS 触发器的特性表如表 1-15 所示。

表 1-15　或非门组成的基本 RS 触发器的特性表

R_D	S_D	Q^n	Q^{n+1}	说明
0	0	0	0	保持原态
0	0	1	1	
0	1	0	1	置1
0	1	1	1	
1	0	0	0	置0
1	0	1	0	
1	1	0	×	不定
1	1	1	×	

2. 同步 RS 触发器

基本 RS 触发器的触发方式:$\overline{R_D}$、$\overline{S_D}$ 或 R_D、S_D 端的输入信号直接控制(电平直接触发)。

同步触发器(时钟触发器或钟控触发器):具有时钟脉冲 CP 控制的触发器。

CP:控制时序电路工作节奏的固定频率的脉冲信号,一般是矩形波。

同步:因为触发器状态的改变与时钟脉冲同步。

同步触发器的翻转时刻:受 CP 控制。

触发器翻转到何种状态:由输入信号决定。

1)电路结构

同步 RS 触发器由基本 RS 触发器 + 两个钟控门 G_3、G_4 构成,如图 1-28(a)所示。逻辑符号如图 1-28(b)所示。

钟控端(CP 端):时钟脉冲输入端。

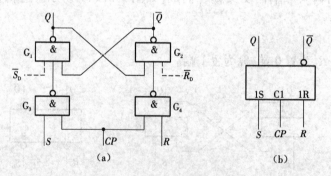

图 1-28　同步 RS 触发器
(a)电路　(b)逻辑符号

2)逻辑功能

当 $CP = 1$ 时,G_3、G_4 解除封锁,R、S 端的输入信号才能通过这两个门使基本 RS 触发器的状态翻转,其输出状态仍由 R、S 端的输入信号和电路的原有状态 Q^n 决定。

在 $R = S = 1$ 时,触发器的输出态不定,加约束条件 $RS = 0$。

异步置 0 端 $\overline{R}$:若 $\overline{R} = 0$、$\overline{S} = 1$,$Q = 0$、$\overline{Q} = 1$,触发器置0。

异步置 1 端 $\overline{S}$:若 $\overline{R}=1$、$\overline{S}=0$，$Q=1$ 、$\overline{Q}=0$，触发器置 1。

当 $\overline{R}=\overline{S}=1$ 时，触发器正常工作。

当 $CP=0$ 时，G_3、G_4 被封锁，都输出 1，触发器的状态保持不变。

同步 RS 触发器的特性表如表 1-16 所示。

表 1-16　同步 RS 触发器的特性表

CP	R	S	Q^n	Q^{n+1}	说明
0	×	×	0	0	封锁
	×	×	1	1	
1	0	0	0	0	保持
	0	0	1	1	
	0	1	0	1	置1
	0	1	1	1	
	1	0	0	0	置0
	1	0	1	0	
	1	1	0	×	不定
	1	1	1	×	

3）驱动表

根据触发器现态 Q^n 与次态 Q^{n+1} 的取值来确定输入信号取值的关系表，称为触发器的驱动表，又称激励表。表中"×"号表示任意值，可以为 0，也可以为 1。同步 RS 触发器的驱动表如表 1-17 所示。

表 1-17　同步 RS 触发器的驱动表

Q^n	Q^{n+1}	R	S
0	0	×	0
0	1	0	1
1	0	1	0
1	1	0	×

4）特性方程

触发器次态 Q^{n+1} 与 R、S、现态 Q^n 间的关系的逻辑表达式称为触发器的特性方程。根据特性表可得出同步触发器特性方程：

$$Q^{n+1}=S+Q^n$$

$$RS=0（约束条件）$$

5）状态转换图

触发器从一个状态变化到另一个状态或保持原状不变时，对输入信号（R、S）提出的要求，可画为状态转换图。根据驱动表可画出状态转换图如图 1-29 所示。

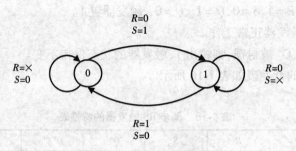

图 1-29　状态转换图

圆圈:触发器的稳定状态。

箭头:在 CP 作用下状态转换的情况。

标注的 R、S 值:触发器状态转换的条件。

3. 主从 RS 触发器

1)电路结构

主从 RS 触发器由两个同步 RS 触发器串联组成,上面的为从触发器,下面的为主触发器。G 门的作用是将 CP 反相为 $\overline{CP}$,使主、从两个触发器分别工作在两个不同的时区内,电路及逻辑符号如图 1-30 所示。

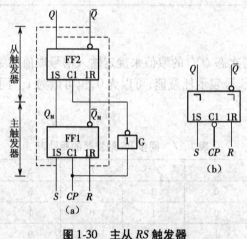

图 1-30　主从 RS 触发器

(a)电路　(b)逻辑符号

2)逻辑功能

(1)当 $CP=1$ 时, $\overline{CP}=0$,从触发器被封锁,保持原状态不变;主触发器工作,接收 R、S 信号,主触发器的状态按 R、S 逻辑功能更新。

(2)当 CP 由 1 变为 0 时,即 $CP=0$、$\overline{CP}=1$ 时,主触发器被封锁,不受 R、S 端输入信号的控制,且保持原状态不变;从触发器跟随主触发器的状态翻转。

4. 同步 JK 触发器

1)电路结构

克服同步 RS 触发器在 $R=S=1$ 时出现不定状态的另一种方法:将触发器输出端 Q 的状

态反馈到输入端,这样 G_3 和 G_4 的输出不会同时出现 0,从而避免了不定状态的出现。

J、K 端相当于同步 RS 触发器的 S、R 端。

电路如图 1-31(a)所示,逻辑符号如图 1-31(b)所示。

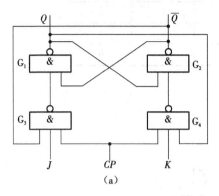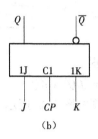

图 1-31　同步 JK 触发器

(a)电路　(b)逻辑符号

2)逻辑功能

可将同步 JK 触发器看成同步 RS 触发器来分析。则有

$$R = KQ^n, S = \overline{J}\, \overline{Q^n}$$

当 $CP = 0$ 时,G_3 和 G_4 被封锁,保持。

当 $CP = 1$ 时,G_3、G_4 解除封锁,输入 J、K 端的信号可控制触发器的状态。

同步 JK 触发器的特性表($CP = 1$ 时)如表 1-18 所示。

表 1-18　同步 JK 触发器的特性表

J	K	Q^n	S	R	Q^{n+1}	说明
0	0	0	0	0	0	保持原态
		1	0	0	1	
0	1	0	0	0	0	置0
		1	0	1	0	
1	0	0	1	0	1	置1
		1	0	0	1	
1	1	0	1	0	1	状态翻转
		1	0	1	0	

根据特性表可得到在 $CP = 1$ 时的同步 JK 触发器的驱动表如表 1-19 所示

表 1-19　同步 JK 触发器的驱动表

Q^n	Q^{n+1}	J	K
0	0	0	×
0	1	1	×
1	0	×	1
1	1	×	0

3）特性方程

$$Q^{n+1} = J\,\overline{Q^n} + \overline{K}Q^n$$

状态转换图如图 1-32 所示。

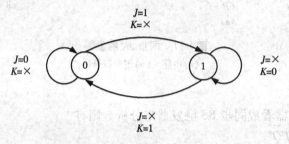

图 1-32　状态转换图

同步触发器的空翻波形图如图 1-33 所示。

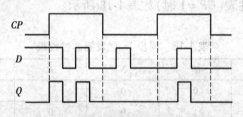

图 1-33　同步触发器的空翻波形图

触发器的空翻:在 CP 为高电平 1 期间,如同步触发器的输入信号发生多次变化时,其输出状态也会相应发生多次变化的现象。

产生空翻的原因:电平触发方式,在 CP 高电平期间有效触发。

同步触发器由于存在空翻,不能保证触发器状态的改变与时钟脉冲同步,它只能用于数据锁存,而不能用于计数器、移位寄存器和存储器等。

5. 主从 JK 触发器

1）电路结构

电路如图 1-34(a)所示,逻辑符号如图 1-34(b)所示。

$CP = 1$,从触发器封锁,状态不变,主触发器接收 J、K 信号,状态更新。

CP 从 1 变为 0,从触发器接收主触发器输出信号,状态更新,主触发器封锁,状态不变。

状态更新时刻:CP 下降沿到达后。

主从 JK 触发器的逻辑功能和同步 RS 触发器的相同,因此它们的特性表、驱动表、特性方

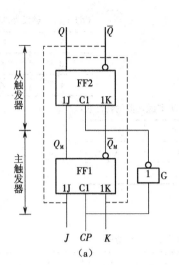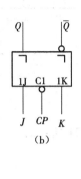

图 1-34　主从 JK 触发器

（a）电路　（b）逻辑符号

程也相同。

注意:在主从 RS 触发器中,特性方程不存在约束条件。

$$Q^{n+1} = S + \bar{R}Q^n\,(CP\,\text{下降沿到来有效})$$

R、S 信号:指 CP 下降沿到来前的状态。

Q^{n+1}:CP 下降沿到来后的次态。

2）逻辑功能

$$Q^{n+1} = J\,\overline{Q^n} + \bar{K}Q^n\,(CP\,\text{下降沿到来有效})$$

3）触发器的两要素

Ⅰ.逻辑功能

描述方法:逻辑符号、特性表、驱动表、特性方程。

（1）特性表如表 1-20 所示。

表 1-20　特性表

（a）主从 RS 触发器的特性表

R	S	Q^{n+1}
0	0	×
0	1	1
1	0	0
1	1	Q^n

（b）主从 JK 触发器的特性表

J	K	Q^{n+1}
0	0	Q^n
0	1	1
1	0	0
1	1	$\overline{Q^n}$

(c) 主从 D 触发器的特性表

D	Q^{n+1}
1	$\overline{Q^n}$

(d) 主从 T 触发器的特性表

T	Q^{n+1}
0	Q^n
1	$\overline{Q^n}$

(e) 主从 T' 触发器的特性表

T	Q^{n+1}
0	0
1	1

(2)驱动表如表 1-21 所示。

表 1-21　驱动表

$Q^n \to Q^{n+1}$	R　S	J　K	D	T
0　0	×　0	0　×	0	0
0　1	0　1	1　×	0	1
1　0	1　0	×　1	1	1
1　1	0　×	×　0	1	0

T' 触发器的驱动表如表 1-22 所示。

表 1-22　T' 触发器的驱动表

$Q^n \to Q^{n+1}$	T'
0　1	1
1　0	1

(3)特性方程如下。

主从 RS：$Q^{n+1} = S + \overline{R}Q^n$

主从 JK：$Q^{n+1} = J\overline{Q^n} + \overline{K}Q^n$

主从 D：$Q^{n+1} = D$

主从 T：$Q^{n+1} = T\overline{Q^n} + \overline{T}Q^n$

主从 T'：$Q^{n+1} = \overline{Q^n}$

Ⅱ. 触发方式

(1)基本 RS 触发器:直接电平触发(低电平有效/高电平有效),无 CP。

(2)同步触发:CP 的(高/低)电平期间触发,即在整个电平期间接收信号(R、S、J、K、D、T),在整个电平期间状态相应更新。

(3)边沿触发:只在 CP 的↑或↓边沿触发,即只在 CP 的↑或↓边沿接收信号(R、S、J、K、D、T),只在 CP 的↑或↓边沿状态更新,克服空翻。

(4)主从触发有主、从两个触发器,在 CP 的高/低电平期间交替工作、封锁。即只在 CP 的高电平(或低电平)期间接收信号(R、S、J、K、D、T),只在 CP 的↑或↓边沿总的输出状态更新。

集成触发器中常见的直接置 0 和置 1 端如下。

$\overline{R}_D$:直接(异步)置 0 端。

$\overline{S}_D$:直接(异步)置 1 端。

非号:低电平有效。

直接(异步):不受 CP 的影响。

6. TTL 边沿 JK 触发器

1)电路结构

电路及符号逻辑如图 1-35 所示。

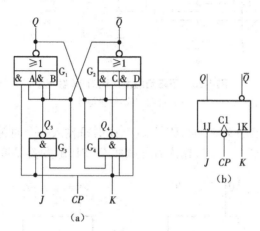

图 1-35　TTL 边沿 JK 触发器
(a)电路　(b)符号

2)逻辑功能

特性方程: $Q^{n+1} = J \overline{Q^n} + \overline{K} Q^n$ (CP 下降沿有效)。

Q^{n+1} 为 CP 下降沿到来后的次态。

3)具有直接置 0 端和置 1 端的边沿 JK 触发器

图 1-36 所示为下降沿触发的边沿 JK 触发器 CT74LS112 的逻辑图。

$\overline{R}_D$:直接(异步)置 0 端。

$\overline{S}_D$:直接(异步)置 1 端。

非号:低电平有效。

直接(异步):不受 CP 的影响。

当 $\overline{R}_D = 0$ 、 $\overline{S}_D = 1$ 时,触发器被置 0。

当 $\overline{R}_D = 1$ 、 $\overline{S}_D = 0$ 时,触发器被置 1。

4)JK 触发器构成的 T 触发器和 T′ 触发器

T 触发器:具有保持和翻转功能的触发器。

T′ 触发器:只具有翻转功能的触发器。

JK 触发器→T 触发器:令 JK 触发器的 $J = K = T$,如图 1-37(a)所示。

T 触发器特性方程: $Q^{n+1} = T \overline{Q^n} + \overline{T} Q^n$ (CP 下降沿到来有效)。

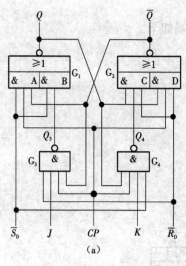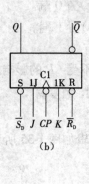

图 1-36　下降沿触发的边沿 JK 触发器

(a)电路　(b)逻辑符号

T 触发器的逻辑功能:当 $T=1$ 时,$Q^{n+1}=\overline{Q^n}$,这时每输入一个时钟脉冲 CP,触发器的状态便翻转一次;当 T=0 时,$Q^{n+1}=Q^n$,输入时钟脉冲 CP 时,触发器保持原状态不变。

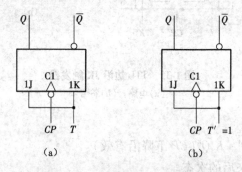

图 1-37　T 触发器和 T′触发器

(a)T 触发器　(b)T′触发器

JK 触发器→T′触发器:令 $J=K=1$,如图 1-37(b)所示。T′触发器是 T 触发器 $T=1$ 时的特例。

将 $T=1$ 代入 JK 触发器的特性方程,得到 T′触发器的特性方程:$Q^{n+1}=\overline{Q^n}$。

7. 同步 D 触发器

1)电路结构

为了避免同步 RS 触发器出现 $R=S=1$ 的情况,可在 R 和 S 之间接入非门 G_5。逻辑电路如图 1-38(a)所示,逻辑符号如图 1-38(b)所示。

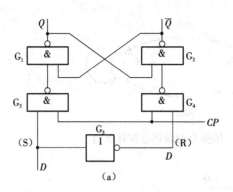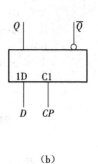

图 1-38 同步 D 触发器

（a）逻辑电路 （b）逻辑符号

2）逻辑功能

同步 D 触发器的特性表如表 1-23 所示。

表 1-23 同步 D 触发器的特性表

CP	D	Q^{n+1}	说明
0	×	Q^n	保持原态不变
1	0	0	输出状态和 D 相同
1	1	1	

当 $CP = 0$ 时，$Q^{n+1} = Q^n$。当 $CP = 1$ 时，$Q^{n+1} = D$。

根据表 1-23 可以得到在 $CP = 1$ 时的同步 D 触发器的驱动表如表 1-24 所示。

表 1-24 同步 D 触发器的驱动表

Q^n	Q^{n+1}	D
0	0	0
0	1	1
1	0	0
1	1	1

3）特性方程

$$Q^{n+1} = D$$

4）状态转换图

状态转换图如图 1-39 所示。

8. 维持阻塞 D 触发器

1）电路结构

电路结构如图 1-40 所示。

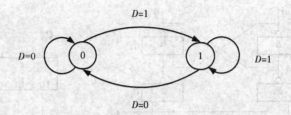

图 1-39 同步 D 触发器状态转换图

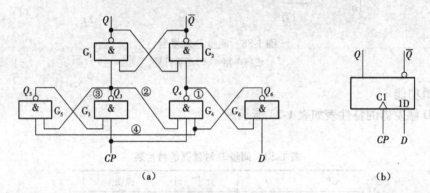

图 1-40   维持阻塞 D 触发器

(a)逻辑电路   (b)逻辑符号

2)逻辑功能

Ⅰ.设输入 $D = 1$

(1)在 $CP = 0$ 时,保持。因 $D = 1$,G_6 输入全 1,输出 $Q_6 = 0$,它使 $Q_4 = 1$、$Q_5 = 1$。

(2)当 CP 由 0 跃变到 1 时,触发器置 1。

在 $CP = 1$ 期间,②线阻塞了置 0 通路,故称②线为置 0 阻塞线;③线维持了触发器的 1 状态,故称③线为置 1 维持线。

Ⅱ.设输入 $D = 0$

(1)在 $CP = 0$ 时,保持。因 $D = 0$,G_6 输出 $Q_6 = 1$,这时,G_5 输入全 1,输出 $Q_5 = 0$。

(2)当 CP 由 0 跃变到 1 时,触发器置 0。

在 $CP = 1$ 期间,①线维持了触发器的 0 状态,故称①线为置 0 维持线。④线阻塞了置 1 通路,故称④线为置 1 阻塞线。可见,它的逻辑功能和前面讨论的同步 D 触发器相同。因此,它们的特性表、驱动表和特性方程也相同。

3)触发方式——边沿式

维持阻塞 D 触发器是用时钟脉冲上升沿触发的。因此,又称它为边沿 D 触发器。$Q^{n+1} = D$(CP 上升沿到来有效),式中的 D 信号指 CP 上升沿到来前的状态,Q^{n+1} 为 CP 上升沿到来后的次态。

4)具有直接置 0 和置 1 端的维持阻塞 D 触发器

图 1-41 所示为上升沿触发的维持阻塞 D 触发器 CT7474 的逻辑图。

$\overline{R_D}$:直接(异步)0 端。

$\overline{S_D}$:直接(异步)1 端。

非号:低电平有效。

直接(异步):不受 CP 的影响。

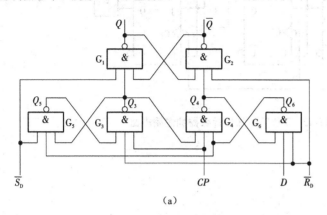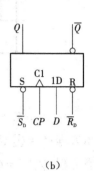

（a）　　　　　　　　　　　　　　　　　（b）

图 1-41　维持阻塞 D 触发器 CT7474

（a）电路　（b）逻辑符号

1.1.3　同步二进制计数器

计数器的分类有如下几种方式。

（1）按计数进制分为二进制、十进制、N 进制。

二进制计数器:当输入计数脉冲到来时,按二进制数规律进行计数的电路。

十进制计数器:按十进制数规律进行计数的电路。

N 进制计数器:除了二进制、十进制计数器之外的其他进制的计数器。

（2）按计数器中触发器翻转时序的异同分为同步和异步计数器。

同步计数器:构成计数器的所有触发器由统一的时钟脉冲 CP 控制,各触发器之间状态变化是同时进行的。

异步计数器:构成计数器的各触发器不采用统一的时钟脉冲 CP 控制。

（3）按计数增减分为加法计数器和减法计数器。

加法计数器:也称递增计数器,每来一个计数脉冲,计数器按计数规律增加1。

减法计数器:也称递减计数器,每来一个计数脉冲,计数器按计数规律减少1。

1. 同步二进制加法计数器

同步计数器中,所有触发器的 CP 端是相连的,CP 的每一个触发沿都会使所有的触发器状态更新。因此,不能使用 T′ 触发器。由 JK 触发器组成的 4 位同步二进制加法计数器,用下降沿触发。

图 1-42 所示为 3 位同步加法计数器的工作原理。

1）方程

时钟方程:$CP_2 = CP_1 = CP_0 = CP$

驱动方程:$J_0 = K_0 = 1$

$$J_1 = K_1 = Q_0^n$$

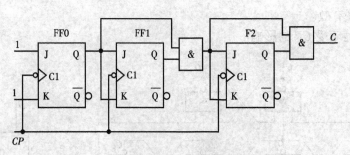

图 1-42   3 位同步加法计数器的逻辑电路

$$J_2 = K_2 = Q_1^n Q_0^n$$

输出方程：$C = Q_2^n Q_1^n Q_0^n$

状态方程：$Q_0^{n+1} = \overline{Q_0^n}$

$$Q_1^{n+1} = Q_1^n \oplus Q_0^n$$

$$Q_2^{n+1} = (Q_1^n Q_0^n) \oplus Q_2^n$$

2）状态转换真值表

与或式（状态方程）→真值表（状态转换真值表如表 1-25 所示）。

将现态看成输入变量，次态看成输出函数。

表 1-25   状态转换真值表

Q_2^n	Q_1^n	Q_0^n	Q_2^{n+1}	Q_1^{n+1}	Q_0^{n+1}	C
0	0	0	0	0	1	0
0	0	1	0	1	0	0
0	1	0	0	1	1	0
0	1	1	1	0	0	0
1	0	0	1	0	1	0
1	0	1	1	1	0	0
1	1	1	1	1	1	1
1	1	1	0	0	0	0

3）逻辑功能

逻辑功能为八进制计数器。

2. 同步二进制减法计数器

在同步二进制减法计数器中存在一个向高位借位的问题。

图 1-43 所示为 3 位同步减法计数器的逻辑电路。

1）方程

时钟方程：$CP_2 = CP_1 = CP_0 = CP$

驱动方程：$J_0 = K_0 = 1$

$$J_1 = K_1 = \overline{Q_0^n}$$

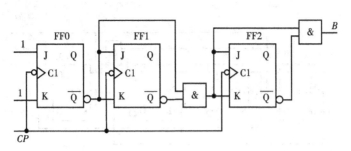

图 1-43　3 位同步减法计数器的逻辑电路

$$J_2 = K_2 = \overline{Q_1^n}\ \overline{Q_0^n}$$

输出方程：$B = \overline{Q_2^n}\ \overline{Q_1^n}\ \overline{Q_0^n}$

状态方程：$Q_0^{n+1} = \overline{Q_0^n}$

$$Q_1^{n+1} = \overline{Q_1^n \odot Q_0^n}$$

$$Q_2^{n+1} = \overline{Q_1^n}\ \overline{Q_0^n} \oplus Q_2^n$$

2）状态转换表

状态转换表如表 1-26 所示。

表 1-26　状态转换表

Q_2^n	Q_1^n	Q_0^n	Q_2^{n+1}	Q_1^{n+1}	Q_0^{n+1}	B
0	0	0	1	1	1	1
1	1	1	1	1	0	0
1	1	0	1	0	1	0
1	0	1	1	0	0	0
1	0	1	1	0	0	0
1	0	0	0	1	1	0
0	1	1	0	1	0	0
0	1	0	0	0	1	0
0	0	1	0	0	0	0

1.1.4　同步十进制加法计数器

同步十进制加法计数器逻辑电路如图 1-44 所示。

1. 方程

时钟方程：$CP_3 = CP_2 = CP_1 = CP_0 = CP$

驱动方程：$J_0 = K_0 = 1$　　　　$J_1 = \overline{Q_3^n}$　　　　$K_1 = Q_0^n$

　　　　　$J_2 = K_2 = Q_1^n Q_0^n$　　$J_3 = Q_2^n Q_1^n Q_0^n$　　　$K_3 = Q_0^n$

输出方程：$C = Q_3^n Q_0^n$

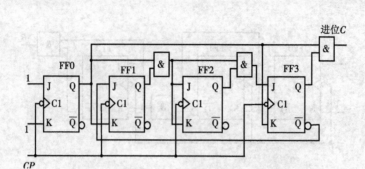

图1-44　同步十进制加法计数器的逻辑电路

状态方程：$Q_0^{n+1} = \overline{Q_0^n}$　　$Q_1^{n+1} = \overline{Q_3^n Q_n^n} Q_1^n + Q_0^n Q_1^n$

$Q_2^{n+1} = Q_1^n Q_0^n \overline{Q_2^n} + \overline{Q_1^n Q_0^n} Q_2^n$　　$Q_3^{n+1} = Q_2^n Q_1^n Q_0^n \overline{Q_3^n} + \overline{Q_0^n} Q_3^n$

2. 状态转换表

状态转换表如表1-27所示

表1-27　状态转状表

Q_3^n	Q_2^n	Q_1^n	Q_0^n	Q_3^{n+1}	Q_2^{n+1}	Q_1^{n+1}	Q_0^{n+1}	C
0	0	0	0	0	0	0	1	0
0	0	0	1	0	0	1	0	0
0	0	1	0	0	0	1	1	0
0	0	1	1	0	1	0	0	0
0	1	0	0	0	1	0	1	0
0	1	0	1	0	1	1	0	0
0	1	1	0	0	1	1	1	0
0	1	1	1	1	0	0	0	0
1	0	0	0	1	0	0	1	0
1	0	0	1	0	0	0	0	1

3. 时序图

十进制加法计数器时序图如图1-45所示。

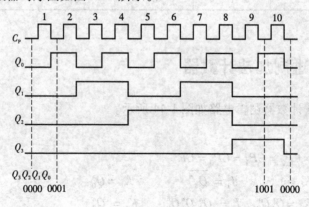

图1-45　十进制加法计数器时序图

1.1.5　异步二进制计数器

1. 异步二进制加法计数器

控制触发器的 CP 端,只有当低位触发器 Q 由 $1\to 0$(下降沿)时,向高位 CP 端输出一个进位信号(有效触发沿),高位触发器翻转,计数加 1。

由 JK 触发器组成 3 位异步二进制加法计数器逻辑电路如图 1-46 所示。

JK 触发器都接成 T′触发器,下降沿触发。

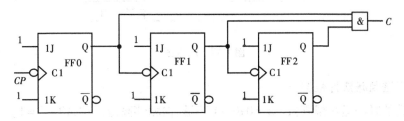

图 1-46　3 位异步二进制加法计数器的逻辑电路

1)方程

时钟方程: $CP_0 = CP$ 　 $CP_1 = Q_0^n$ 　 $CP_2 = Q_1^n$

驱动方程: $J_0 = K_0 = 1$ 　 $J_1 = K_1 = 1$ 　 $J_2 = K_2 = 1$

输出方程: $C = Q_2^n Q_1^n Q_0^n$

状态方程: $Q_0^{n+1} = \overline{Q_0^n}$ 　 $Q_1^{n+1} = \overline{Q_1^n}$ 　 $Q_2^{n+1} = \overline{Q_2^n}$

2)工作原理

异步置 0 端加负脉冲,各触发器都为 0 状态,即 $Q_2 Q_1 Q_0 = 0000$。在计数过程中,为高电平。

只要低位触发器由 1 状态翻转到 0 状态,相邻高位触发器接收到有效 CP 触发沿,T′触发器的状态便翻转。

3)状态转换表

状态转换表如表 1-28 所示。

表 1-28　状态转换表

Q_2^n	Q_1^n	Q_0^n	Q_2^{n+1}	Q_1^{n+1}	Q_0^{n+1}	C
0	0	0	0	0	1	0
0	0	1	0	1	0	0
0	1	0	0	1	1	0
0	1	1	1	0	0	0
1	0	0	1	0	1	0
1	0	1	1	1	0	0
1	1	0	1	1	1	0
1	1	1	0	0	0	1

逻辑功能为八进制计数器。

4）时序图

3 位异步二进制加法计数器时序图，如图 1-47 所示。

输入的计数脉冲每经一级触发器，其周期增加一倍，即频率降低一半。一位二进制计数器就是一个 2 分频器。

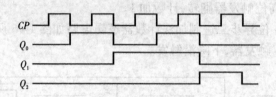

图 1-47　时序图

2. 异步二进制减法计数器

二进制数的减法运算规则：$1 - 1 = 0$；$0 - 1$ 不够，向相邻高位借位，$10 - 1 = 1$。

各触发器应满足两个条件：①每当 CP 有效触发沿到来时，触发器翻转一次，即用 T′ 触发器；②控制触发器的 CP 端，只有当低位触发器 Q 由 $0 \rightarrow 1$（上升沿）时，应向高位 CP 端输出一个借位信号（有效触发沿），高位触发器翻转，计数减 1。

下面介绍由 JK 触发器组成的 3 位二进制减法计数器。

1）逻辑思路

逻辑电路如图 1-48 所示。

FF2 ~ FF0 都为 T′ 触发器，下降沿触发。

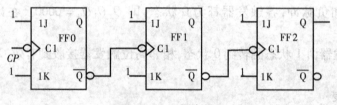

图 1-48　逻辑电路

2）工作原理

3 位二进制减法计数器计数状态顺序表如表 1-29 所示。

表 1-29　3 位二进制减法计数器计数状态顺序表

计数顺序	计数器状态		
	Q_2^n	Q_1^n	Q_0^n
0	0	0	0
1	1	1	1
2	1	1	0
3	1	0	1

计数顺序	计数器状态		
	Q_2^n	Q_1^n	Q_0^n
4	1	0	0
5	0	1	1
6	0	1	0
7	0	0	1
8	0	0	0

1.1.6　异步十进制加法计数器

异步十进制加法计数器是在 4 位异步二进制加法计数器的基础上经过适当修改获得的。它跳过了 1010 ~ 1111 六个状态,利用自然二进制数的前十个状态 0000 ~ 1001 实现十进制计数。

1. 逻辑电路

4 个 JK 触发器组成的 8421BCD 码异步十进制计数器逻辑电路如图 1-49 所示。

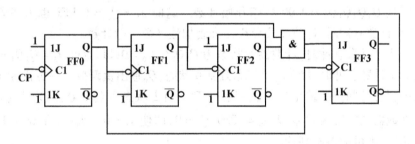

图 1-49　异步十进制计数器电路

2. 方程

时钟方程:$CP_0 = CP$　$CP_1 = Q_0^n$　$CP_2 = Q_1^n$　$CP_3 = Q_0^n$

驱动方程:$J_0 = K_0 = 1$

$J_1 = \overline{Q_3^n}, K_1 = 1$

$J_2 = K_2 = 1$

$J_3 = Q_2^n Q_1^n, K_3 = 1$

状态方程:$Q_0^{n+1} = \overline{Q_0^n}$

$Q_1^{n+1} = \overline{Q_3^n} \overline{Q_1^n}$

$Q_2^{n+1} = \overline{Q_2^n}$

$Q_3^{n+1} = \overline{Q_3^n} Q_2^n Q_1^n$

3. 状态顺序表

异步十进制加法计数器状态顺序表如表 1-30 所示。

表1-30 异步十进制加法计数器状态顺序表

计数顺序	计数器状态			
	Q_3^n	Q_2^n	Q_1^n	Q_0^n
0	0	0	0	0
1	0	0	0	1
2	0	0	1	0
3	0	0	1	1
4	0	1	0	0
5	0	1	0	1
6	0	1	1	0
7	0	1	1	1
8	1	0	0	0
9	1	0	0	1
10	0	0	0	0

4. 工作原理

FF0 和 FF2 为 T′触发器。

设计数器从 $Q_3Q_2Q_1Q_0 = 0000$ 状态开始计数。这时 $J_1 = \overline{Q_3^n} = 1$，FF1 也为 T′触发器。因此，输入前 8 个计数脉冲时，计数器按异步二进制加法计数规律计数。

在输入第 7 个计数脉冲时，计数器的状态为 $Q_3Q_2Q_1Q_0 = 0111$，这时 $J_3 = Q_2Q_1 = 1$，$K_3 = 1$。

输入第 8 个计数脉冲时，FF0 由 1 状态翻到 0 状态，Q_0 输出负跃变。一方面使 FF3 由 0 状态翻到 1 状态；与此同时，Q_0 输出的负跃变也使 FF1 由 1 状态翻到 0 状态，FF2 也随之翻到 0 状态。这时计数器的状态为 $Q_3Q_2Q_1Q_0 = 1000$，$\overline{Q_3^n} = 0$，即使 $J_1 = 0$。因此，在 $Q_3 = 1$ 时，FF1 只能保持在 0 状态，不可能再次翻转。

输入第 9 个计数脉冲时，计数器的状态为 $Q_3Q_2Q_1Q_0 = 1001$，这时 $J_3 = 0$、$K_3 = 1$。

输入第 10 个计数脉冲时，计数器从 1001 状态返回到初始的 0000 状态，电路从而跳过了 1010～1111 六个状态，实现了十进制计数，同时 Q_3 端输出一个负跃变的进位信号。

5）时序图

时序图如图1-50所示。可见，异步计数器存在过渡过程，若将状态直接输出到译码器，将会产生错误的译码，造成误动作。

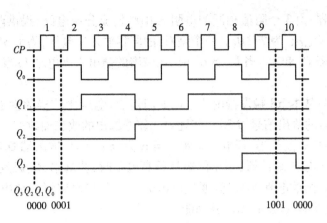

图 1-50　工作波形图

1.2　集成 555 定时器

　　555 定时器是一种将模拟功能与逻辑功能结合在一起的混合集成电路,应用遍及电子的各个领域,在其外部配上少量阻容元件,便能构成多谐振荡器、单稳态触发器、施密特触发器等电路。

　　CMOS 555 定时器的电源电压范围宽,为 3 ~ 18 V,还可输出一定的功率,可驱动微电机、指示灯、扬声器等,在波形的产生和变换、测量与控制、家用电器和电子玩具等许多领域中都得到广泛的应用。

1.电路结构与工作原理

电路结构如图 1-51 所示。

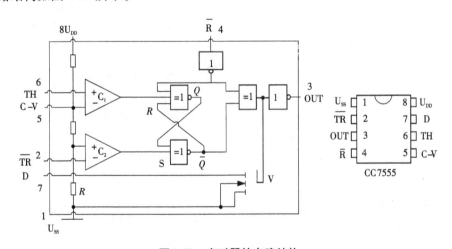

图 1-51　定时器的电路结构

U_{SS}—接地端;$\overline{TR}$—触发端;OUT—输出端;$\overline{R}$—复位端;C-V—电压控制端;TH—阈值输入端;D—放电端;U_{DD}—电源端

　　其包括电阻分压器、比较器 C_1 和 C_2、RS 触发器和放电管 V。

（1）电阻分压器：由 3 个阻值相同的电阻 R 串联构成分压电路，提供两个参考电压，一个是 C_1 的反相输入端电压，为 $2/3U_{DD}$，一个是 C_2 的同相输入端电压，为 $1/3U_{DD}$。

（2）电压比较器 C_1 和 C_2：当 $U_+ > U_-$ 时，比较器的输出为高电平 1；当 $U_+ < U_-$ 时，比较器的输出为低电平 0。

（3）RS 触发器：基本 RS 触发器由两个或非门组成，电压比较器的输出是基本 RS 触发器的输入信号，触发器的输出信号 Q 和 $\overline{Q}$ 将随着比较器输出的改变而改变。

（4）复位电路：$\overline{R}$ 是复位端，低电平有效。当 $\overline{R}$ 为低电平时，输出端 OUT 为 0。

（5）放电管 V 和输出缓冲器：当复位端 $\overline{R}$ 是高电平时，若基本 RS 触发器的 $\overline{Q}=0$，则放电管 V 截止；若 $\overline{Q}=1$，则放电管 V 导通，通过放电端 D 与外接电路形成放电回路。输出部分由反相器构成输出缓冲器，以提高输出驱动能力。

2. 555 定时器功能表

555 定时器功能表如表 1-31 所示。

表 1-31　555 定时器功能表

TH	$\overline{TR}$	$\overline{R}$	OUT	V
×	×	0	0	导通
$< \frac{2}{3}U_{DD}$	$< \frac{1}{3}U_{DD}$	1	1	截止
$> \frac{2}{3}U_{DD}$	$> \frac{1}{3}U_{DD}$	1	0	导通
$< \frac{2}{3}U_{DD}$	$> \frac{1}{3}U_{DD}$	1	保持原态	保持原态

第二部分 基本原理类实验

2.1 实验系统介绍

　　TD－CMA 计算机组成与系统结构教学实验系统是西安唐都科教仪器公司生产的一套高效的、开放的教学实验系统,该系统可以完成对多种原理性计算机的设计、实现和调试。

2.1.1 系统配置与硬件布局

1. 系统配置

　　实验系统出厂时已全部安装完好,系统的硬件内容如表 2-1 所示,其中元件配置情况如表 2-2 所示。

表 2-1　系统硬件内容列表

MC 单元	微程序存储器,微命令寄存器,微地址寄存器,微命令译码器等
ALU&REG 单元	算数逻辑移位运算部件,A、B 显示灯,4 个通用寄存器
PC&AR 单元	程序计数器,地址寄存器
IR 单元	指令寄存器,指令译码逻辑,寄存器译码逻辑
CPU 内总线	CPU 内部数据排线座
控制总线	读写译码逻辑,CPU 中断使能寄存器,DMA 控制逻辑
数据总线	LED 显示灯,数据排线座
地址总线	LED 显示灯,地址译码电路,地址排线座
扩展总线	LED 显示灯,扩展总线排线座
IN 单元	8 位开关,LED 显示灯
OUT 单元	数码管,数码管显示译码电路
MEM 单元	SRAM6116
8259 单元	8259 一片
8237 单元	8237 一片
8253 单元	8253 一片
CON 单元	3 组 8 位开关,系统清零按钮

时序与操作台单元	时序发生电路,555 多谐振荡电路,单脉冲电路
	本地主/控存编程、校验电路,本机机器调试及运行操作控制电路
SYS 单元	系统监视电路,总线竞争报警电路
逻辑测量单元	4 路逻辑示波器
扩展单元	LED 显示灯,扩展接线座
CPLD 扩展板	ALTERA MAX II EPM1270T144C5,下载电路,LED 显示灯

表2-2　系统元件配置列表

项目	内容	数量	项目	内容	数量
程序控制器	2816	3	程序地址计数器	CPLD	1
	74LS245	5		74LS245	1
	74LS04	1	控制总线	74LS74	3
	74LS74	3		GAL16V8	1
	74LS273	2	IN 单元	拨动开关	8
	74LS175	1		74LS245	2
	74LS138	2	地址总线	74LS139	1
	GAL16V8	1		74LS245	1
	三挡开关	1	CON 单元	拨动开关	24
运算器	ALU	1		清零按钮	1
	74LS245	4	CPLD 扩展板	EPM1270T144C5	1
SYS 单元	单片机	1		LED 灯	16
	MAX232	1	指令译码器	GAL20V8	1
	74LS245	5	寄存器译码器	GAL20V8	1
	74LS374	1	8259 单元	8259	1
	74LS138	2	8237 单元	8237	1
	74LS00	1	8253 单元	8253	1
	74LS04	1	扩展单元	LED 灯	8
	74LS32	1	数据总线	74LS245	1
时序单元	三挡开关	5	通信电缆	RS-232C	1
	555	1	下载电缆	ByteBlaster	1
	74LS00	1	机内电源	5V, ±12V	1
	微动按钮	2	实验用排线		若干
OUT 单元	7 段数码管	2	程序存储器	74LS245	3
	74LS273	1		6116	1
	GAL16V8	2		74LS374	1
集成操作软件		1			

2. 系统硬件布局

系统硬件的电路布局是按照计算机组成结构来设计的,如图 2-1 所示。最上面一部分是 SYS 单元,这个单元是非操作区,其余单元均为操作区。在 SYS 单元之上架有 CPLD 扩展板,逻辑测量单元位于 SYS 单元的左侧,时序与操作台位于 SYS 单元的右侧。所有构成 CPU 的单元放在中间区域的左边,并标注有"CPU",CPU 对外表现的是三总线,即控制总线、数据总线和地址总线,三总线并排于 CPU 右侧。与三总线挂接的主存和各种 I/O 设备,都集中放在系统总线的右侧。在实验箱中上部对 CPU、系统总线、主存及外设分别有清晰的丝印标注,通过这三部分的模块可以方便地构造各种不同复杂程度的模型计算机。

系统独立运行时,为了对微控制器或是主存进行读写操作,在实验箱下方的 CON 单元中安排了一个开关组 SD00～SD07,专门用来给出主/控存的地址。在进行部件实验时,有很多的控制信号需要用二进制开关模拟给出,所以在实验箱的最下方安排的是控制开关单元 CON 单元。

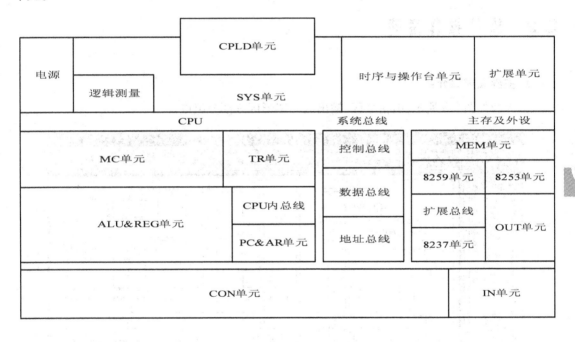

图 2-1　系统硬件布局

2.1.2　系统的安装

1. 系统与 PC 微机连接

用 RS-232C 通信电缆一根,按图 2-2 所示,将 PC 微机串口和系统中的串口连接在一起。

2. 系统联机软件与操作说明

通过"资源管理器",找到光盘驱动器中本软件安装目录下的"安装 CMA.EXE",双击执行它,按屏幕提示进行安装操作。

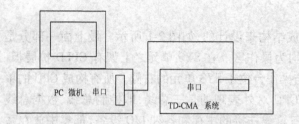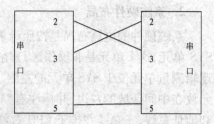

图 2-2　实验系统与 PC 微机连接

TD－CMA 软件安装成功后,在【开始】/【程序】里将出现"CMA"程序组,单击"CMA"即可执行程序。

联机软件提供了自卸载功能。单击【开始】/【程序】打开"CMA"的程序组,然后运行"卸载"项,就可执行卸载功能,按照屏幕提示操作即可安全、快速地删除"TD－CMA"。

2.2　软件操作说明

1. 主界面窗口介绍

主界面如图 2-3 所示,由指令区、输出区和图形区三部分组成。

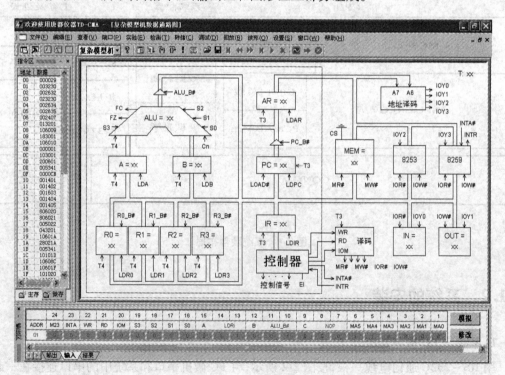

图 2-3　软件主界面窗口

1）指令区

指令区分为机器指令区和微指令区。指令区下方有两个 Tab 按钮,可在两者之间切换。

(1)机器指令区:分为两列,第一列为主存地址(00—FF,共 256 个单元),第二列为每个地址所对应的数据。串口通信正常且串口无其他操作,可以直接修改指定单元的内容,用鼠标单击要修改单元的数据,此时单元格会变成一个编辑框,即可输入数据,编辑框只可输入两位合法的 16 进制数,按 Enter 键确认,或用鼠标点击别的区域,即可完成修改工作。按下 Esc 键可取消修改,编辑框会自动消失,恢复显示原来的值,也可以通过上下方向键移动编辑框。

(2)微指令区:分为两列,第一列为微控器地址(00 ~ 3F,共 64 个单元),第二列为每个地址所对应的微指令,共 6 字节。修改微指令操作和修改机器指令一样,只不过微指令是 6 位,而机器指令是 2 位。

2）输出区

输出区由输出页、输入页和结果页组成。

(1)输出页:在数据通路图打开,且该通路中用到微程序控制器运行程序时,输出区用来实时显示当前正在执行的微指令和下条将要执行的微指令的 24 位微码及其微地址。当前正在执行微指令的显示可通过菜单命令【设置】/【当前微指令】进行开或关。

(2)输入页:可以对微指令进行按位输入及模拟,鼠标左键单击 ADDR 值,此时单元格会变成一个编辑框,即可输入微地址,输入完毕后按 Enter 键,编辑框消失,后面的 24 位代表当前地址的 24 位微码,微码值用红色显示,鼠标左键单击微码值可使该值在 0 和 1 之间切换。在数据通路图打开时,按"模拟"按钮,可以在数据通路中模拟该微指令的功能,按"修改"按钮则可以将当前显示的微码值下载到下位机。

(3)结果页:用来显示一些提示信息或错误信息。在保存和装载程序时,会在这一区域显示一些提示信息;在系统检测时,也会在这一区域显示检测状态和检测结果。

3）图形区

可以在此区域编辑指令,显示各个实验的数据通路图、示波器界面等。

2. 菜单功能介绍

1）文件菜单项

文件菜单(见图 2-4)提供了以下命令。

(1)新建(N):建立一个新文档。在文件新建对话框中选择所要建立的新文件的类型。

(2)打开(O)...:在一个新的窗口中打开一个现存的文档。可同时打开多个文档。可用窗口菜单在多个打开的文档间切换。

(3)关闭(C):关闭包含活动文档的所有窗口。软件会建议在关闭文档之前保存对文档所做的改动。如果没有保存而关闭了一个文档,将会失去自从最后一次保存以来所做的所有改动。在关闭一无标题的文档之前,会显示"另存为"对话框,建议命名和保存文档。

图 2-4　文件菜单

(4)保存(S):将活动文档保存到其当前的文件名和目录下。当第一次保存文档时,显示"另存为"对话框以便命名文档。如果在保存之前,想改变当前文档的文件名和目录,可选用"另存为"命令。

41

（5）另存为（A）...：保存并命名活动文档。会显示"另存为"对话框以便命名文档和选择保存目录。

（6）打印（P）...：打印一个文档。在此命令提供的"打印"对话框中,可以指明要打印的页数范围、副本数、目标打印机以及其他打印机设置选项。

（7）打印预览（V）：按要打印的格式显示活动文档。当选择此命令时,主窗口就会被一个打印预览窗口取代。这个窗口可以按被打印时的格式显示一页或两页。打印预览工具栏提供选项使用户可选择一次查看一页或两页,在文档中前后移动,放大和缩小页面以及开始一个打印作业。

（8）打印设置（R）...：选择一台打印机,并与该打印机连接。在此命令提供的"打印设置"对话框中,可以指定打印机及其连接。

（9）最近文件：可以通过此列表,直接打开最近打开过的文件,共四个。

（10）退出（X）：结束运行阶段。也可使用在应用程序控制菜单上的关闭命令。

2）编辑菜单项

编辑菜单（见图2-5）提供了以下命令。

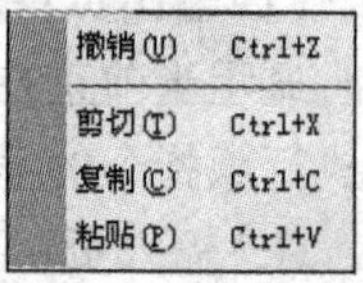

（1）撤销（U）：撤销上一步编辑操作。

（2）剪切（T）：将当前被选取的数据从文档中删除并放置于剪切板上。如当前没有数据被选取,此命令则不可用。

图2-5 编辑菜单

（3）复制（C）：将被选取的数据复制到剪切板上。如当前无数据被选取,此命令则不可用。

（4）粘贴（P）：将剪切板上内容的一个副本插入到插入点处。如剪切板是空的,此命令则不可用。

3）查看菜单项

查看菜单（见图2-6）提供了以下命令。

（1）工具栏（T）：显示和隐藏工具栏。工具栏包括了一些最普通命令的按钮。当工具栏被显示时,在菜单项目的旁边会出现一个打钩记号。

图2-6 查看菜单

（2）指令区（W）：显示和隐藏指令区,当指令区被显示时,在菜单项目的旁边会出现一个打钩记号。

（3）输出区（O）：显示和隐藏输出区,当输出区被显示时,在菜单项目的旁边会出现一个打钩记号。

（4）状态栏（S）：显示和隐藏状态栏。状态栏描述了被选取的菜单项目或被按下的工具栏按钮以及键盘的锁定状态将要执行的操作。当状态栏被显示时,在菜单项目的旁边会出现一个打钩记号。

4）端口菜单项

端口菜单（见图2-7）提供了以下命令。

图2-7 端口菜单

（1）串口选择...：选择通信端口,选择该命令时会弹出图2-8所示对话框。该命令会自动检测当前系统可用的串口号,并列于组合框中,选择某一串口后,按"确定"按钮,对选定串口进行初始化操作,并进行联机测试,报告测试结果,如果联机成功,则会将指令区初始化。

（2）串口测试（T）：对当前选择的串口进行联机通信测试,并报告测试结果。只测一次,如

图2-8　"串口选择"对话框

果联机成功,则会将指令区初始化。如串口不能正常初始化,此命令则不可用。

5)实验菜单项

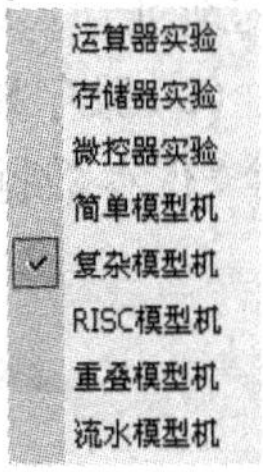

实验菜单(见图2-9)提供了以下命令。

(1)运算器实验:打开运算器实验数据通路图,如果该通路图已经打开,则把通路激活并置于最前面显示。

(2)存储器实验:打开存储器实验数据通路图,如果该通路图已经打开,则把通路激活并置于最前面显示。

(3)微控器实验:打开微控器实验数据通路图,如果该通路图已经打开,则把通路激活并置于最前面显示。

图2-9　实验菜单

(4)简单模型机:打开简单模型机数据通路图,如果该通路图已经打开,则把通路激活并置于最前面显示。

(5)复杂模型机:打开复杂模型机数据通路图,如果该通路图已经打开,则把通路激活并置于最前面显示。

(6)RISC 模型机:打开 RISC 模型机数据通路图,如果该通路图已经打开,则把通路激活并置于最前面显示。

(7)重叠模型机:打开重叠模型机数据通路图,如果该通路图已经打开,则把通路激活并置于最前面显示。

(8)流水模型机:打开流水模型机数据通路图,如果该通路图已经打开,则把通路激活并置于最前面显示。

6)检测菜单项

检测菜单(见图2-10)提供了以下命令。

(1)连线检测(C):①简单模型机,对简单模型机的连线进行检测,并在"输出区"的"结果页"显示相关信息;②复杂模型机,对复杂模型机的连线进行检测,并在"输出区"的"结果页"显示相关信息。

图2-10　检测菜单

(2)系统检测(T)...:启动系统检测,可以进行系统或是整机检测。

(3)停止检测(S):停止系统检测。

7)转储菜单项

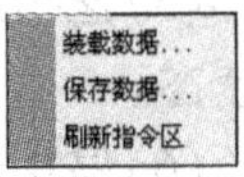

转储菜单(见图2-11)提供了以下命令。

(1)装载数据...:将上位机指定文件中的数据装载到下位机中,选择该命令会弹出"打开文件"对话框,可以打开任意路径下的 *.TXT 文件。

图2-11　转储菜单

43

如果指令文件合法,系统将把这些指令装载到下位机中。装载指令时,系统提供了一定的检错功能,如果指令文件中有错误的指令,将会导致系统退出装载,并提示错误的指令行。指令文件中指令书写格式如下:

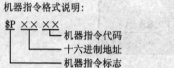 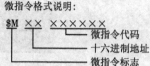

机器指令格式说明:

$P ×× ××
机器指令代码
十六进制地址
机器指令标志

微指令格式说明:

$M ×× ××××××
微指令代码
十六进制地址
微指令标志

例如:机器指令 $ P00FF,"$"为标记号,"P"代表机器指令,"00"为机器指令的地址,"FF"为该地址中的数据;微指令 $ M00AA77FF,"$"为标记号,"M"代表微指令,"00"为微指令的地址,"AA77FF"为该地址中的数据。

(2)保存数据...:将下位机中(主存、微控器)的数据保存到上位机中,选择该命令会弹出一个"保存数据"对话框,如图 2-12 所示。

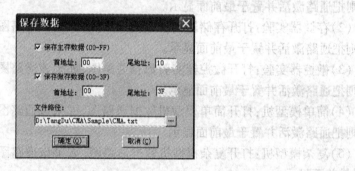

图 2-12 "保存数据"对话框

可以选择保存机器指令,此时首尾地址输入框将会变亮,否则首尾地址输入框将会变灰,在允许输入的情况下可以指定需要保存的首尾地址。微指令也是如此,保存数据到指定路径的 *.TXT 格式文件中。

(3)刷新指令区:从下位机读取所有机器指令和微指令,并在指令区显示。

8)调试菜单项

调试菜单(见图 2-13)提供了以下命令。

(1)微程序流图...:当微控器实验、简单模型机和综合性实验中任一数据通路图打开时,可用此命令来打开指定的微程序流图,选择该命令会弹出"打开文件"对话框。

(2)单节拍:向下位机发送单节拍命令,下位机完成一个节拍的工作。

(3)单周期:向下位机发送单周期命令,下位机完成一个机器周期的工作。

(4)单机器指令:向下位机发送单机器指令命令,下位机运行一条机器指令。

(5)连续运行:向下位机发送连续运行命令,下位机将会进入连续运行状态。

(6)停止运行:若下位机处于连续运行状态,此命令可以使下位机停止运行。

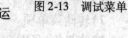

图 2-13 调试菜单

9）回放菜单项

回放菜单（见图2-14）提供了以下命令。

（1）打开...：打开现存的数据文件。

（2）保存...：保存当前的数据到数据文件。

（3）首端：跳转到首页。

（4）向前：向前翻一页。

（5）向后：向后翻一页。

（6）末端：跳转到末页。

（7）播放：连续向后翻页。

（8）停止播放：停止连续向后翻页。

图2-14　回放菜单

10）波形菜单项

波形菜单（见图2-15）提供了以下命令。

（1）打开（O）：打开示波器窗口。

（2）运行（R）：启动示波器，如果下位机正运行程序则不启动。

（3）停止（S）：停止处于启动状态的示波器。

图2-15　波形菜单

11）设置菜单项

设置菜单（见图2-16）提供了以下命令。

图2-16　设置菜单

（1）流动速度（L）...：设置数据通路图中数据的流动速度。选择该命令会弹出一个"数据流动速度设置"对话框，如图2-17所示。拖动滑动块至适当位置，单击"确定"按钮即完成设置。

图2-17　"数据流动速度设置"对话框

（2）系统颜色（C）...：设置数据通路图、微程序流图和示波器的显示颜色。选择该命令会弹出一个"系统颜色设置"对话框，如图2-18所示。对话框分为三页，分别为通路图、微流图和示波器，按Tab键可在三页之间切换。选择某项要设置的对象，然后按下"更改"按钮，或直接用鼠标左键单击要设置对象的颜色框，可弹出颜色选择对话框，选定好颜色后，单击"应用"按钮，相应对象的颜色就会被修改掉。

（3）当前微指令：设置"输出区"的"输出页"是否显示当前微指令。当前微指令用灰色显示，并在地址栏标记为"C"，下条将要执行的微指令标记为"N"。

12）窗口菜单项

窗口菜单（见图1-19）提供了以下命令，这些命令使用户能在应用程序窗口中安排多个文档的多个视图。

（1）新建窗口（N）：打开一个具有与活动的窗口相同内容的新窗口。可同时打开数个文档窗口以显示文档的不同部分或视图。如果对一个窗口的内容做了改动，所有其他包含同一

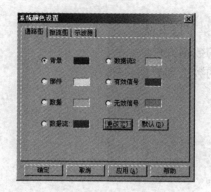

图 2-18 "系统颜色设置"对话框

文档的窗口也会反映出这些改动。当打开一个新的窗口时,这个新窗口就成了活动的窗口并显示于所有其他打开窗口之上。

（2）层叠(C)：按相互重叠形式来安排多个打开的窗口。

（3）平铺(T)：按互不重叠形式来安排多个打开的窗口。

（4）排列图标(A)：在主窗口的底部安排被最小化的窗口的图标。如果在主窗口的底部有一个打开的窗口,则有可能会看不见某些或全部图标,因为它们在这个文档窗口的下面。

图 2-19 窗口菜单

（5）窗口选择：CMA 在窗口菜单的底部显示出当前打开的文档窗口的清单,有一个打钩记号出现在活动的窗口的文档名前。从该清单中挑选一个文档可使其窗口成为活动窗口。

13）帮助菜单项

帮助菜单(见图 2-20)提供了以下命令。

（1）关于(A)CMA...：显示 CMA 版本的版权通告和版本号码。

（2）实验帮助(E)...：显示实验帮助的开场屏幕。从此开场屏幕可跳到关于 CMA 所提供实验的参考资料。

图 2-20 帮助菜单

（3）软件帮助(S)...：显示软件帮助的开场屏幕。从此开场屏幕可跳到关于使用 CMA 设备的参考资料。

3. 工具栏命令按钮

显示或隐藏指令区　　显示或隐藏输出区　　保存下位机数据

向下位机装载数据　　刷新指令区数据　　打开实验帮助

打开微程序流图　　单节拍运行　　单周期运行

单机器指令运行　　连续运行　　停止运行

打开实验数据文件　　保存实验数据　　跳转到首页

向前翻页　　向后翻页　　跳转到末页

连续向后翻页　　停止向后翻页　　打开示波器窗口

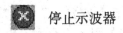 启动示波器 停止示波器

实验一 系统总线和具有基本输入输出功能的总线接口实验

1 实验目的

(1)理解总线的概念及其特性。
(2)掌握控制总线的功能和应用。

2 实验设备

PC 机一台,TD – CMA 实验系统一套。

3 实验原理

由于存储器和输入、输出设备最终是要挂接到外部总线上的,所以需要外部总线提供数据信号、地址信号以及控制信号。在该实验平台中,外部总线分为数据总线、地址总线和控制总线,分别为外部设备提供上述信号。外部总线和 CPU 内总线之间通过三态门连接,同时实现内外总线的分离和对数据流向的控制。地址总线可以为外部设备提供地址信号和片选信号。由地址总线的高位进行译码,系统的 I/O 地址译码原理见图 2-21(在地址总线单元)。由于使用 A_6、A_7 进行译码,I/O 地址空间被分为四个区,如表 2-3 所示。

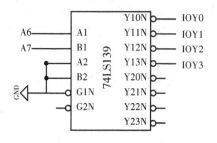

图2-21 I/O 地址译码原理图

表2-3 I/O 地址空间分配

A7A6	选定	地址空间
00	IOY0	00 ~ 3F
01	IOY1	40 ~ 7F
10	IOY2	80 ~ BF
11	IOY3	C0 ~ FF

为了实现对 MEM 和外设的读写操作,还需要一个读写控制逻辑,使 CPU 能控制 MEM 和 I/O 设备的读写,实验中的读写控制逻辑如图 2-22 所示。由于 T3 的参与,可以保证写脉宽与 T3 一致,T3 由时序单元的 TS3 给出(时序单元的介绍见附录 2)。IOM 用来选择是对 I/O 设备还是对 MEM 进行读写操作,IOM = 1 时对 I/O 设备进行读写操作,IOM = 0 时对 MEM 进行读写操作。RD = 1 时为读,WR = 1 时为写。

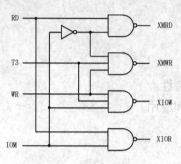

图 2-22   读写控制逻辑

在理解读写控制逻辑的基础上,我们设计一个总线传输的实验。实验所用总线传输实验框图如图 2-23 所示,它将几种不同的设备挂至总线上,有存储器、输入设备、输出设备、寄存器。这些设备都需要有三态输出控制,按照传输要求恰当有序地控制它们,就可实现总线信息传输。

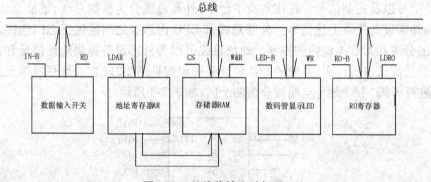

图 2-23   总线传输实验框图

4   实验步骤

1. 读写控制逻辑设计实验

(1)按照图 2-24 所示进行连线。

(2)具体操作步骤如下。

首先将时序与操作台单元的开关 KK1、KK3 置于"运行"挡,开关 KK2 置于"单拍"挡,按动 CON 单元的总清按钮 CLR,并执行下述操作。

①对 MEM 进行读操作(WR = 0,RD = 1,IOM = 0),此时 E0 灭,表示存储器读功能信号有效。

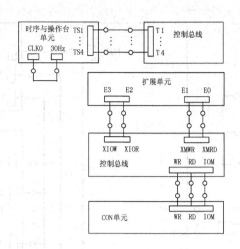

图 2-24 实验接线图

②对 MEM 进行写操作(WR = 1,RD = 0,IOM = 0),连续按动开关 ST,观察扩展单元数据指示灯,指示灯显示为 T3 时刻时,E1 灭,表示存储器写功能信号有效。

③对 I/O 进行读操作(WR = 0,RD = 1,IOM = 1),此时 E2 灭,表示 I/O 读功能信号有效。

④对 I/O 进行写操作(WR = 1,RD = 0,IOM = 1),连续按动开关 ST,观察扩展单元数据指示灯,指示灯显示为 T3 时刻时,E3 灭,表示 I/O 写功能信号有效。

2. 基本输入输出功能的总线接口实验

(1)根据挂在总线上的几个基本部件,设计一个简单的流程。

①输入设备将一个数打入 R0 寄存器。

②输入设备将另一个数打入地址寄存器。

③将 R0 寄存器中的数写入当前地址的存储器中。

④将当前地址的存储器中的数用 LED 数码管显示。

(2)按照图 2-25 所示实验接线图进行连线。

(3)具体操作步骤如图 2-26 所示。

进入软件界面,选择菜单命令【实验】/【简单模型机】,打开简单模型机实验数据通路图。将时序与操作台单元的开关 KK1、KK3 置于"运行"挡,开关 KK2 置于"单拍"挡,CON 单元所有开关置0(由于总线有总线竞争报警功能,在操作中应当先关闭应关闭的输出开关,再打开应打开的输出开关,否则可能由于总线竞争导致实验出错),按动 CON 单元的总清按钮 CLR,然后通过运行程序,在数据通路图中观测程序的执行过程。输入设备将 11H 打入 R0 寄存器。将 IN 单元置00010001,K7 置为 1,关闭 R0 寄存器的输出;K6 置为 1,打开 R0 寄存器的输入;WR、RD、IOM 分别置为0、1、1,对 IN 单元进行读操作;LDAR 置为 0,不将数据总线的数打入地址寄存器。连续四次单击图形界面上的"单节拍运行"按钮(运行一个机器周期),观察图形界面,在 T4 时刻完成对寄存器 R0 的写入操作。将 R0 中的数据 11H 打入存储器 01H 单元。将 IN 单元置00000001(或其他数值),K7 置为 1,关闭 R0 寄存器的输出;K6 置为 0,关闭 R0 寄存器的输入;WR、RD、IOM 分别置为0、1、1,对 IN 单元进行读操作;LDAR 置为 1,将数据总线的数打入地址寄存器。连续四次单击图形界面上的"单节拍运行"按钮,观察图形界面,在 T3 时

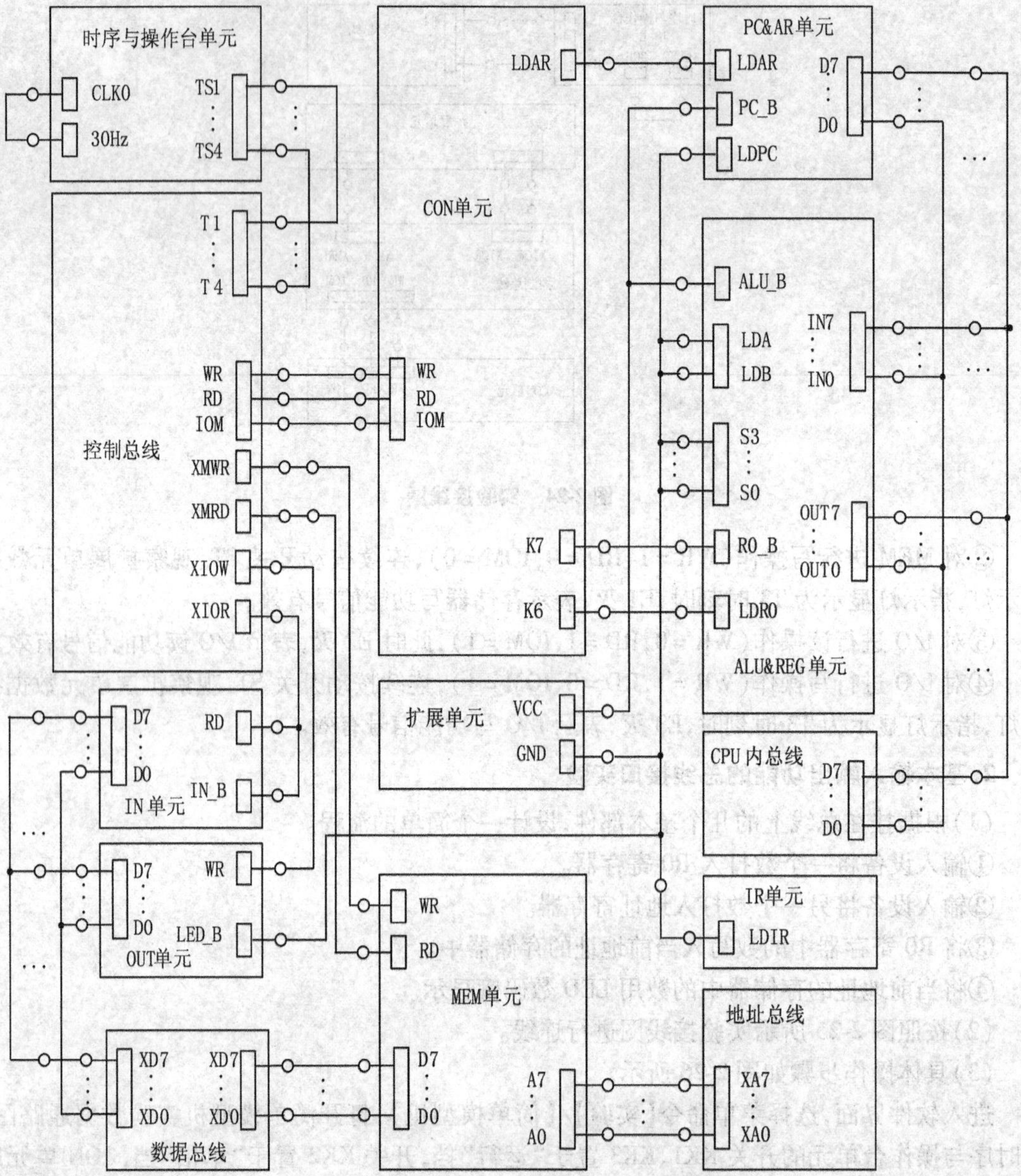

图 2-25　实验接线图

刻完成对地址寄存器的写入操作。

　　先将 WR、RD、IOM 分别置为 1、0、0,对存储器进行写操作;再把 K7 置为 0,打开 R0 寄存器的输出;K6 置为 0,关闭 R0 寄存器的输入;LDAR 置为 0,不将数据总线的数打入地址寄存器。连续四次单击图形界面上的"单节拍运行"按钮,观察图形界面,在 T3 时刻完成对存储器的写入操作。将当前地址的存储器中的数写入到 R0 寄存器中。

　　将 IN 单元置 00000001(或其他数值),K7 置为 1,关闭 R0 寄存器的输出;K6 置为 0,关闭 R0 寄存器的输入;WR、RD、IOM 分别置为 0、1、1,对 IN 单元进行读操作;LDAR 置为 1,不将数据总线的数打入地址寄存器。连续四次点击图形界面上的"单节拍运行"按钮,观察图形界

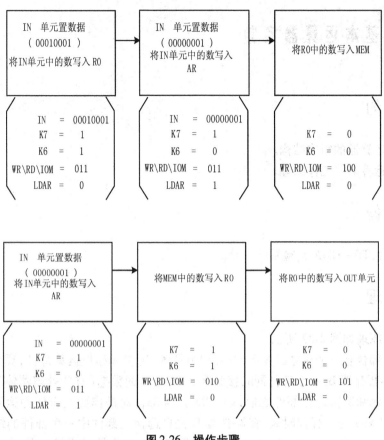

图 2-26　操作步骤

刻完成对地址寄存器 R0 的写入操作。

　　将 K7 置为 1,关闭 R0 寄存器的输出;K6 置为 1,打开 R0 寄存器的输入;WR、RD、IOM 分别置为 0、1、0,对存储器进行读操作;LDAR 置为 0,不将数据总线的数打入地址寄存器。连续四次单击图形界面上的"单节拍运行"按钮,观察图形界面,在 T3 时刻完成对寄存器 R0 的写入操作。

　　注:由于采用简单模型机的数据通路图,为了不让悬空的信号引脚影响通路图的显示结果,将这些引脚置为无效。在接线时为了方便,可将引脚接到 CON 单元闲置的开关上,若开关打到"1",等效于接到"VCC";若开关打到"0",等效于接到"GND"。

　　(4)将 R0 寄存器中的数用 LED 数码管显示。

　　先将 WR、RD、IOM 分别置为 1、0、1,对 OUT 单元进行写操作;再将 K7 置为 0,打开 R0 寄存器的输出;K6 置为 0,关闭 R0 寄存器的输入;LDAR 置为 0,不将数据总线的数打入地址寄存器。连续四次点击图形界面上的"单节拍运行"按钮,观察图形界面,在 T3 时刻完成对 OUT 单元的写入操作。

实验二　基本运算器实验

1　实验目的

(1)了解运算器的组成结构。
(2)掌握运算器的工作原理。

2　实验设备

PC 机一台,TD – CMA 实验系统一套。

3　实验原理

本实验的原理如图 2-27 所示。

运算器内部含有三个独立运算部件,分别为算术、逻辑和移位运算部件,要处理的数据存于暂存器 A 和暂存器 B,三个部件同时接收来自 A 和 B 的数据(有些处理器体系结构把移位运算器放于算术和逻辑运算部件之前,如 ARM),各部件对操作数进行何种运算由控制信号 S[3..0] 和 CN 来决定。任何时候,多路选择开关只选择三部件中一个部件的结果作为 ALU 的输出。如果是影响进位的运算,还将置进位标志 FC,在运算结果输出前,置 ALU 零标志。ALU 中所有模块集成在一片 CPLD 中。

逻辑运算部件由逻辑门构成,较为简单,而后面又有专门的算术运算部件设计实验,在此对这两个部件不再赘述。

移位运算采用的是桶形移位器,一般采用交叉开关矩阵来实现,交叉开关的原理如图 2-28 所示。图中显示的是一个 4×4 的矩阵(系统中是一个 8×8 的矩阵)。每一个输入都通过开关与一个输出相连,把沿对角线的开关导通,就可实现移位功能。

(1)对于逻辑左移或逻辑右移功能,将一条对角线的开关导通,将使所有的输入位与所使用的输出分别相连,而没有同任何输入相连的则输出连接 0。

(2)对于循环右移功能,右移对角线同互补的左移对角线一起激活。例如,在 4 位矩阵中使用"右 1"和"左 3"对角线来实现右循环 1 位。

(3)对于未连接的输出位,移位时使用符号扩展或是 0 填充,具体由相应的指令控制。使用另外的逻辑进行移位总量译码和符号判别。

运算器部件由一片 CPLD 实现。ALU 的输入和输出通过三态门 74LS245 连到 CPU 内总线上,另外还有指示灯标明进位标志 FC 和零标志 FZ。(请注意:实验箱上凡丝印标注有马蹄形标记"⊔"的,表示这两根排针之间是连通的。)图 2-27 中除 T4 和 CLR 外,其余信号均来自于 ALU 单元的排线座,实验箱中所有单元的 T1、T2、T3、T4 都连接至控制总线单元的 T1、T2、T3、T4,CLR 都连接至 CON 单元的 CLR 按钮。T4 由时序单元的 TS4 提供(时序单元的介绍见

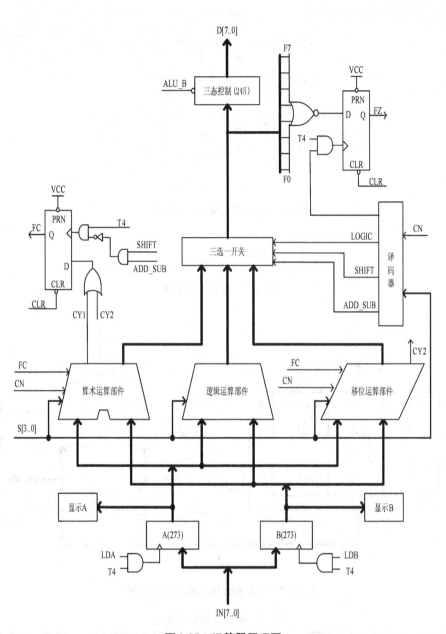

图 2-27　运算器原理图

附录二），其余控制信号均由 CON 单元的二进制数据开关模拟给出。控制信号中，除 T4 为脉冲信号外，其余均为电平信号，其中 ALU _ B 为低电平有效，其余为高电平有效。

暂存器 A 和暂存器 B 的数据能在 LED 灯上实时显示，原理如图 2-29 所示（以 A0 为例，其他相同）。进位标志 FC、零标志 FZ 和数据总线 D[7..0] 的显示原理也是如此。

ALU 和外围电路的连接如图 2-30 所示，图中的小方框代表排针座。

运算器的逻辑功能表如表 2-4 所示，其中 S3、S2、S1、S0、CN 为控制信号，FC 为进位标志，FZ 为运算器零标志，表中功能栏括号内的 FC、FZ 表示当前运算会影响到该标志。

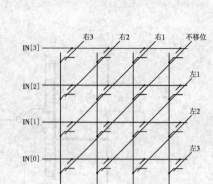

图 2-28　交叉开关桶形移位器原理图

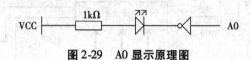

图 2-29　A0 显示原理图

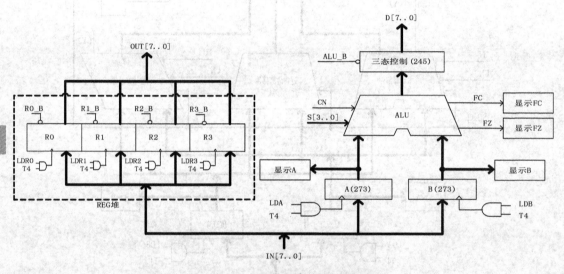

图 2-30　ALU 和外围电路连接原理图

表 2-4　运算器逻辑功能表

运算类型	S3 S2 S1 S0	CN	功　能	
逻辑运算	0000	×	F = A(直通)	
	0001	×	F = B(直通)	
	0010	×	F = AB	(FZ)
	0011	×	F = A + B	(FZ)
	0100	×	F = /A	(FZ)

运算类型	S3 S2 S1 S0	CN	功 能	
移位运算	0101	×	F = A 不带进位循环右移 B(取低 3 位)位	(FZ)
	0110	0	F = A 逻辑右移一位	(FZ)
		1	F = A 带进位循环右移一位	(FC,FZ)
	0111	0	F = A 逻辑左移一位	(FZ)
		1	F = A 带进位循环左移一位	(FC,FZ)
算术运算	1000	×	置 FC = CN	(FC)
	1001	×	F = A 加 B	(FC,FZ)
	1010	×	F = A 加 B 加 FC	(FC,FZ)
	1011	×	F = A 减 B	(FC,FZ)
	1100	×	F = A 减 1	(FC,FZ)
	1101	×	F = A 加 1	(FC,FZ)
	1110	×	(保留)	
	1111	×	(保留)	

注:表中"×"为任意态,下同。

4　实验步骤

(1)按图 2-31 连接实验电路,并检查无误。图中将用户需要连接的信号用圆圈标明(其他实验相同)。

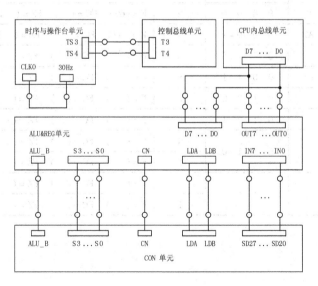

图 2-31　实验接线图

(2)将时序与操作台单元的开关 KK2 置为"单拍"挡,开关 KK1、KK3 置为"运行"挡。

(3)打开电源开关,如果听到"嘀"报警声,说明有总线竞争现象,应立即关闭电源,重新检查接线,直到错误排除。然后按动 CON 单元的 CLR 按钮,将运算器的 A、B 和 FC、FZ 清零。

（4）用输入开关向暂存器 A 置数。

① 拨动 CON 单元的 SD27…SD20 数据开关,形成二进制数 01100101（或其他数值）,数据显示亮为"1",灭为"0"。

② 置 LDA = 1,LDB = 0,连续按动时序单元的 ST 按钮,产生一个 T4 上升沿,则将二进制数 01100101 置入暂存器 A 中,暂存器 A 的值通过 ALU 单元的 A7…A0 八位 LED 灯显示。

（5）用输入开关向暂存器 B 置数。

① 拨动 CON 单元的 SD27…SD20 数据开关,形成二进制数 10100111（或其他数值）。

② 置 LDA = 0,LDB = 1,连续按动时序单元的 ST 按钮,产生一个 T4 上升沿,则将二进制数 10100111 置入暂存器 B 中,暂存器 B 的值通过 ALU 单元的 B7…B0 八位 LED 灯显示。

（6）改变运算器的功能设置,观察运算器的输出。置 ALU _ B = 0、LDA = 0、LDB = 0,然后按表 2 - 5 置 S3、S2、S1、S0 和 CN 的数值,并观察数据总线 LED 显示灯显示的结果。如置 S3、S2、S1、S0 为 0010,运算器作逻辑与运算;置 S3、S2、S1、S0 为 1001,运算器作加法运算。

如果实验箱和 PC 机联机操作,则可通过软件中的数据通路图来观测实验结果,方法是:打开软件,选择联机软件的【实验】/【运算器实验】,打开运算器实验的数据通路图,如图 2-32 所示。进行上面的手动操作,每按动一次 ST 按钮,数据通路图会有数据的流动,反映当前运算器所做的操作。或在软件中选择【调试】/【单节拍】,其作用相当于将时序单元的状态开关 KK2 置为"单拍"挡后按动了一次 ST 按钮,数据通路图也会反映当前运算器所做的操作。

重复上述操作,并完成表2-5。然后改变 A、B 的值,验证 FC、FZ 的锁存功能。

表2-5　运算结果表

运算类型	A	B	S3 S2 S1 S0	CN	结果
逻辑运算	65	A7	0 0 0 0	×	F = (65)　FC = (　)　FZ = (　)
	65	A7	0 0 0 1	×	F = (A7)　FC = (　)　FZ = (　)
			0 0 1 0	×	F = (　)　FC = (　)　FZ = (　)
			0 0 1 1	×	F = (　)　FC = (　)　FZ = (　)
			0 1 0 0	×	F = (　)　FC = (　)　FZ = (　)
移位运算			0 1 0 1	×	F = (　)　FC = (　)　FZ = (　)
			0 1 1 0	0	F = (　)　FC = (　)　FZ = (　)
				1	F = (　)　FC = (　)　FZ = (　)
			0 1 1 1	0	F = (　)　FC = (　)　FZ = (　)
				1	F = (　)　FC = (　)　FZ = (　)

运算类型	A	B	S3 S2 S1 S0	CN	结果
算术运算			1 0 0 0	×	F = (　) FC = (　) FZ = (　)
			1 0 0 1	×	F = (　) FC = (　) FZ = (　)
			1 0 1 0 （FC = 0）	×	F = (　) FC = (　) FZ = (　)
			1 0 1 0 （FC = 1）	×	F = (　) FC = (　) FZ = (　)
			1 0 1 1	×	F = (　) FC = (　) FZ = (　)
			1 1 0 0	×	F = (　) FC = (　) FZ = (　)
			1 1 0 1	×	F = (　) FC = (　) FZ = (　)

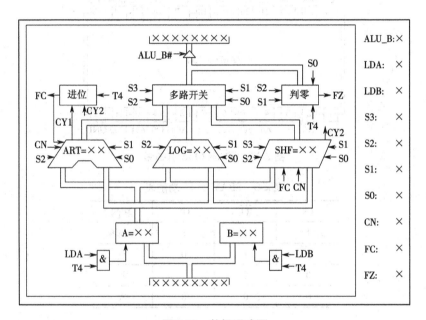

图 2-32　数据通路图

实验三　静态随机存储器实验

1　实验目的

掌握静态随机存储器 RAM 工作特性及数据的读写方法。

2 实验设备

PC 机一台,TD – CMA 实验系统一套。

3 实验原理

实验所用的静态存储器由一片 6116(2k × 8 bit)构成(位于 MEM 单元),如图 2 – 33 所示。6116 有三个控制线,即 CS(片选线)、OE(读线)、WE(写线),其功能如表 2 – 6 所示,当片选有效($\overline{\text{CS}} = 0$),$\overline{\text{OE}} = 0$ 时进行读操作,$\overline{\text{WE}} = 0$ 时进行写操作,本实验将 CS 常接地。

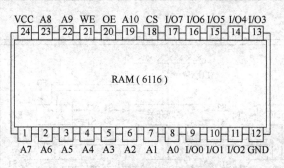

图 2-33 SRAM 6116 引脚图

表 2-6 SRAM 6116 功能表

$\overline{\text{CS}}$	$\overline{\text{WE}}$	$\overline{\text{OE}}$	功能
1	×	×	不选择
0	1	0	读
0	0	1	写
0	0	0	写

由于存储器(MEM)最终是要挂接到 CPU 上,所以其还需要一个读写控制逻辑,使得 CPU 能控制 MEM 的读写,实验中的读写控制逻辑如图 2-34 所示。由于 T3 的参与,可以保证 MEM 的写脉宽与 T3 一致,T3 由时序单元的 TS3 给出(时序单元的介绍见附录二)。IOM 用来选择是对 I/O 还是对 MEM 进行读写操作,RD = 1 时为读,WR = 1 时为写。

实验原理图如图 2-35 所示,存储器数据线接至数据总线,数据总线上接有 8 个 LED 灯显示 D7...D0 的内容;地址线接至地址总线,地址总线上接有 8 个 LED 灯显示 A7...A0 的内容;地址由地址锁存器(74LS273,位于 PC&AR 单元)给出;数据开关(位于 IN 单元)经一个三态门(74LS245)连至数据总线,分时给出地址和数据。地址寄存器为 8 位,接入 6116 的地址 A7...A0,6116 的高三位地址 A10...A8 接地,所以其实际容量为 256 字节。

实验箱中所有单元的时序都连接至时序与操作台单元,CLR 都连接至 CON 单元的 CLR 按钮。实验时 T3 由时序单元给出,其余信号由 CON 单元的二进制开关模拟给出,其中 IOM 应为低(即 MEM 操作),RD、WR 高有效,MR 和 MW 低有效,LDAR 高有效。

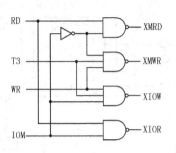

图 2-34　读写控制逻辑

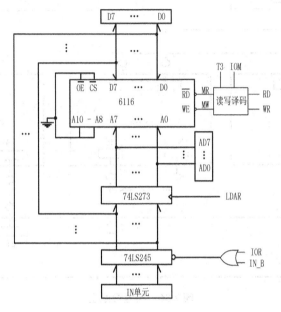

图 2-35　实验原理图

4　实验步骤

（1）关闭实验系统电源，按图 2-36 连接实验电路，并检查无误。图中将用户需要连接的信号用圆圈标明。

（2）将时序与操作台单元的开关 KK1、KK3 置为"运行"挡，开关 KK2 置为"单步"挡。

（3）将 CON 单元的 IOR 开关置为 1（使 IN 单元无输出），打开电源开关，如果听到"嘀"报警声，说明有总线竞争现象，应立即关闭电源，重新检查接线，直到错误排除。

（4）给存储器的 00H、01H、02H、03H、04H 地址单元中分别写入数据 11H、12H、13H、14H、15H。由前面的存储器实验原理图（图 2－35）可以看出，由于数据和地址由同一个数据开关给出，因此数据和地址要分时写入。先写地址，具体操作步骤为：先关掉存储器的读写（WR＝0，RD＝0），和数据开关输出地址（IOR＝0），然后打开地址寄存器门控信号（LDAR＝1），按动 ST 产生 T3 脉冲，即将地址打入到 AR 中。再写数据，具体操作步骤为：先关掉存储器的读写（WR＝0，RD＝0）和地址寄存器门控信号（LDAR＝0），数据开关输出要写入的数据，打开输入

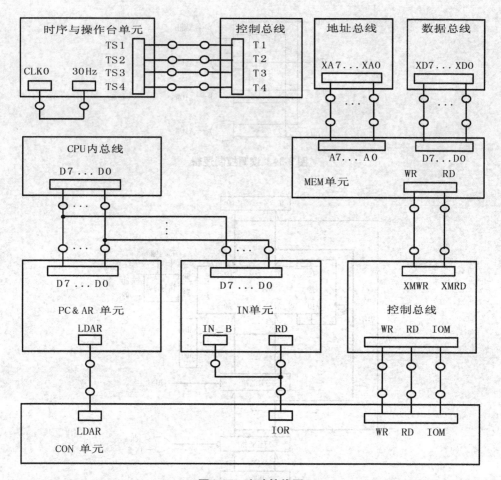

图 2-36　实验接线图

三态门($IOR = 0$),然后使存储器处于写状态($WR = 1,RD = 0,IOM = 0$),按动 ST 产生 T3 脉冲,即将数据打入到存储器中。写存储器的流程如图 2-37 所示(以向 00 地址单元写入 11H 为例)。

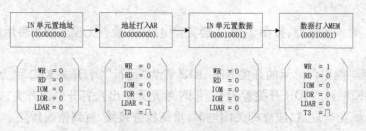

图 2-37　写存储器流程图

(5)依次读出第 00、01、02、03、04 号单元中的内容,观察上述各单元中的内容是否与前面写入的一致。同写操作类似,也要先给出地址,然后进行读,地址的给出和前面一样。而在进行读操作时,应先关闭 IN 单元的输出($IOR = 1$),然后使存储器处于读状态($WR = 0,RD = 1,IOM = 0$),此时数据总线上的数即为从存储器当前地址中读出的数据内容。读存储器的流程如图 2-38 所示(以从 00 地址单元读出 11H 为例)。

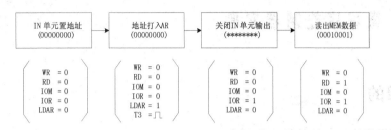

图 2-38　读存储器流程图

如果实验箱和 PC 机联机操作,则可通过软件中的数据通路图来观测实验结果(软件使用说明见附录一),方法是:打开软件,选择联机软件的【实验】/【存储器实验】,打开存储器实验的数据通路图,如图 2-39 所示。

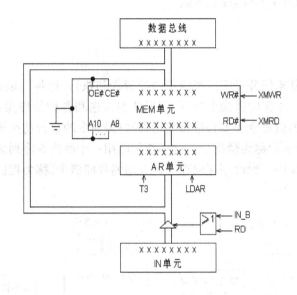

图 2-39　数据通路图

进行上面的手动操作,每按动一次 ST 按钮,数据通路图会有数据的流动,反映当前存储器所做的操作(即使是对存储器进行读,也应按动一次 ST 按钮,数据通路图才会有数据流动)。或在软件中选择【调试】/【单周期】,其作用相当于将时序单元的状态开关置为"单步"挡后按动了一次 ST 按钮,数据通路图也会反映当前存储器所做的操作,借助于数据通路图,仔细分析 SRAM 的读写过程。

实验四 微程序控制器实验

1 实验目的

(1)掌握微程序控制器的组成原理。
(2)掌握微程序的编制、写入,观察微程序的运行过程。

2 实验设备

PC 机一台,TD – CMA 实验系统一套。

3 实验原理

微程序控制器的基本任务是完成当前指令的翻译和执行,即将当前指令的功能转换成可以控制的硬件逻辑部件工作的微命令序列,完成数据传送和各种处理操作。它的执行方法就是将控制各部件动作的微命令的集合进行编码,即将微命令的集合仿照机器指令一样,用数字代码的形式表示,这种表示称为微指令。这样就可以用一个微指令序列表示一条机器指令,这种微指令序列称为微程序。微程序存储在一种专用的存储器中,称为控制存储器,微程序控制器原理框图如图2-40 所示。

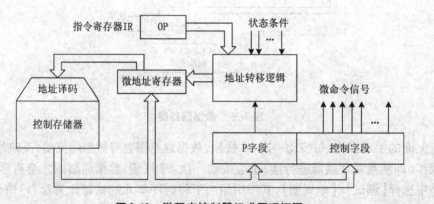

图 2-40 微程序控制器组成原理框图

控制器是严格按照系统时序来工作的,因而时序控制对于控制器的设计是非常重要的,从前面的实验可以很清楚地了解时序电路的工作原理,本实验所用的时序由时序单元来提供,分为四拍 TS1、TS2、TS3、TS4。

微程序控制器的组成如图2-41 所示,其中控制存储器采用 3 片 2816 的 E^2PROM,具有掉电保护功能;微命令寄存器18 位,用两片8D 触发器(273)和一片4D(175)触发器组成;微地址寄存器6 位,用三片正沿触发的双 D 触发器(74)组成,它们带有清零端和预置端。在不判

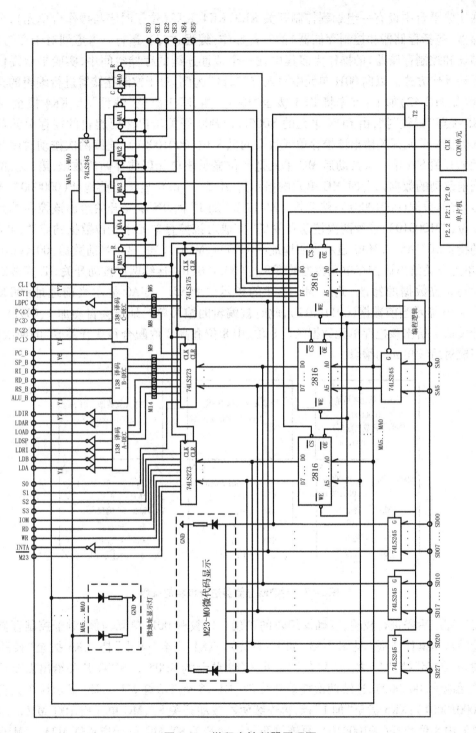

图 2-41 微程序控制器原理图

别测试的情况下,T2 时刻打入微地址寄存器的内容即为下一条微指令地址。当 T4 时刻进行测试判别时,转移逻辑满足条件后输出的负脉冲通过强置端将某一触发器置为"1"状态,完成地址修改。

在实验平台中设有一组编程控制开关 KK3、KK4、KK5（位于时序与操作台单元），可实现对存储器（包括存储器和控制存储器）的三种操作：编程、校验、运行。考虑到对于存储器（包括存储器和控制存储器）的操作大多集中在一个地址连续的存储空间中，实验平台提供了便利的手动操作方式。以向 00H 单元中写入"332211"为例，对于控制存储器进行编辑的具体操作步骤（见图 2-42）如下：首先将 KK1 拨至"停止"挡、KK3 拨至"编程"挡、KK4 拨至"控存"挡、KK5 拨至"置数"挡，由 CON 单元的 SD05...SD00 开关给出需要编辑的控存单元首地址（000000），IN 单元开关给出该控存单元数据的低 8 位（00010001），连续两次按动时序与操作台单元的开关 ST（第一次按动后 MC 单元低 8 位显示该单元以前存储的数据，第二次按动后显示当前改动的数据），此时 MC 单元的指示灯 MA5...MA0 显示当前地址（000000），M7...M0 显示当前数据（00010001）；然后将 KK5 拨至"加1"挡，IN 单元开关给出该控存单元数据的中 8 位（00100010），连续两次按动开关 ST，完成对该控存单元中 8 位数据的修改，此时 MC 单元的指示灯 MA5...MA0 显示当前地址（000000），M15...M8 显示当前数据（00100010）；再由 IN 单元开关给出该控存单元数据的高 8 位（00110011），连续两次按动开关 ST，完成对该控存单元高 8 位数据的修改，此时 MC 单元的指示灯 MA5...MA0 显示当前地址（000000），M23...M16 显示当前数据（00110011），此时被编辑的控存单元地址会自动加1（01H），由 IN 单元开关依次给出该控存单元数据的低 8 位、中 8 位和高 8 位配合每次开关 ST 的两次按动，即可完成对后续单元的编辑。

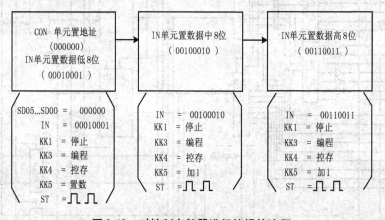

图 2-42　对控制存储器进行编辑的流程

编辑完成后需进行校验，以确保编辑的正确。以校验 00H 单元为例，对于控制存储器进行校验的具体操作步骤（见图 2-43）如下：首先将 KK1 拨至"停止"挡、KK3 拨至"校验"挡、KK4 拨至"控存"挡、KK5 拨至"置数"挡，由 CON 单元的 SD05...SD00 开关给出需要校验的控存单元地址（000000），连续两次按动开关 ST，MC 单元指示灯 M7...M0 显示该单元低 8 位数据（00010001）；KK5 拨至"加1"挡，再连续两次按动开关 ST，MC 单元指示灯 M15...M8 显示该单元中 8 位数据（00100010）；再连续两次按动开关 ST，MC 单元指示灯 M23...M16 显示该单元高 8 位数据（00110011）；再连续两次按动开关 ST，地址加1，MC 单元指示灯 M7...M0 显示 01H 单元低 8 位数据。如校验的微指令出错，则返回输入操作，修改该单元的数据后再进行校验，直至确认输入的微代码全部准确无误为止，完成对微指令的输入。

位于实验平台 MC 单元左上角一列三个指示灯 MC2、MC1、MC0，用来指示当前操作的微

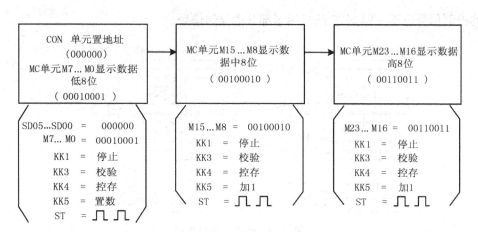

图 2-43 校验流程

程序字段,分别对应 M23…M16、M15…M8、M7…M0。实验平台提供了比较灵活的手动操作方式,比如在上述操作中在对地址置数后将开关 KK4 拨至"减1"挡,则每次随着开关 ST 的两次按动操作,字节数依次从高 8 位到低 8 位递减,减至低 8 位后,再按动两次开关 ST,微地址会自动减 1,继续对下一个单元的操作。微指令字长共 24 位,控制位顺序如表 2-7 所示。

表 2-7 微指令格式

23	22	21	20	19	18~15	14~12	11~9	8~6	5~0
M23	M22	WR	RD	IOM	S3…S0	A 字段	B 字段	C 字段	MA5…MA0

A 字段				B 字段				C 字段			
14	13	12	选择	11	10	9	选择	8	7	6	选择
0	0	0	NOP	0	0	0	NOP	0	0	0	NOP
0	0	1	LDA	0	0	1	ALU_B	0	0	1	P<1>
0	1	0	LDB	0	1	0	R0_B	0	1	0	保留
0	1	1	LDR0	0	1	1	保留	0	1	1	保留
1	0	0	保留	1	0	0	保留	1	0	0	保留
1	0	1	保留	1	0	1	保留	1	0	1	保留
1	1	0	保留	1	1	0	保留	1	1	0	保留
1	1	1	LDIR	1	1	1	保留	1	1	1	保留

其中,MA5…MA0 为 6 位的后续微地址,A、B、C 为三个译码字段,分别由三个控制位译码出多位,C 字段中的 P<1> 为测试字位,其功能是根据机器指令及相应微代码进行译码,使微程序转入相应的微地址入口,从而实现完成对指令的识别,并实现微程序的分支。本系统上的指令译码原理如图 2-44 所示,图中 I7…I2 为指令寄存器的第 7 至 2 位输出,SE5…SE0 为微控器单元微地址锁存器的强置端输出,指令译码逻辑在 IR 单元的 INS_DEC(GAL20V8)中实现。

从图 2-44 中也可以看出,微控器产生的控制信号比表 2-7 中的要多,这是因为实验不同,所需的控制信号也不一样,本实验只用了部分的控制信号。

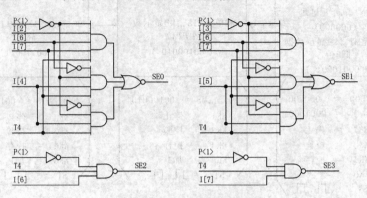

图2-44　指令译码原理图

本实验除了用到指令寄存器(IR)和通用寄存器 R0 外,还要用到 IN 和 OUT 单元,从微控器出来的信号中只有 IOM、WR 和 RD 三个信号,所以对这两个单元的读写信号还应先经过译码,其译码原理如图 2-45 所示。IR 单元的原理图如图 2-46 所示,R0 单元的原理图如图 2-47 所示,IN 单元的原理图如图 2-35 所示,OUT 单元的原理图如图 2-48 所示。

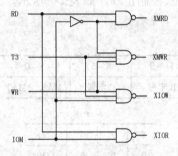

图2-45　读写控制逻辑

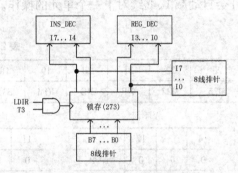

图2-46　IR 单元原理图

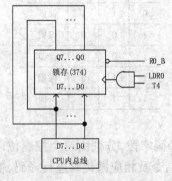

图2-47　R0 单元原理图

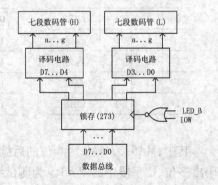

图2-48　OUT 单元原理图

本实验安排了四条机器指令,分别为 ADD(00000000)、IN(00100000)、OUT(00110000)和HLT(01010000),括号中为各指令的二进制代码,指令格式如下:

助记符	机器指令码	说明
IN	00100000	IN→R0
ADD	00000000	R0 + R0→R0
OUT	00110000	R0→OUT
HLT	01010000	停机

实验中机器指令由 CON 单元的二进制开关手动给出,其余单元的控制信号均由微程序控制器自动产生,为此可以设计出相应的数据通路图,如图 2-49 所示。

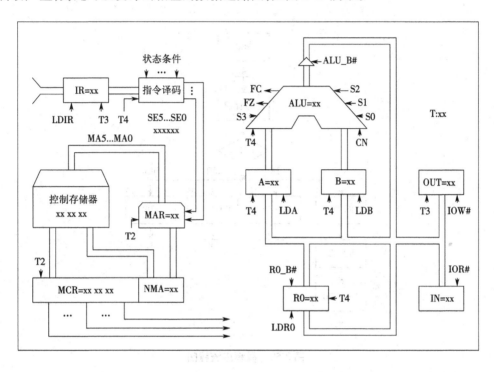

图 2-49 数据通路图

几条机器指令对应的参考微程序流程图如图 2-50 所示。图中一个矩形方框表示一条微指令,方框中的内容为该指令执行的微操作,右上角的数字是该条指令的微地址,右下角的数字是该条指令的后续微地址,所有微地址均用十六进制表示。向下的箭头指出了下一条要执行的指令。P＜1＞为测试字,根据条件使微程序产生分支。

将全部微程序按微指令格式变成二进制微代码,可得到如表 2-8 所示的二进制微代码表。

表 2-8 二进制微代码表

地址	十六进制	高五位	S3…S0	A 字段	B 字段	C 字段	MA5…MA0
00	00 00 01	00000	0000	000	000	000	000001
01	00 70 70	00000	0000	111	000	001	110000
04	00 24 05	00000	0000	010	010	000	000101
05	04 B2 01	00000	1001	011	001	000	000001

地址	十六进制	高五位	S3...S0	A 字段	B 字段	C 字段	MA5...MA0
30	00 14 04	00000	0000	001	010	000	000100
32	18 30 01	00011	0000	011	000	000	000001
33	28 04 01	00101	0000	000	010	000	000001
35	00 00 35	00000	0000	000	000	000	110101

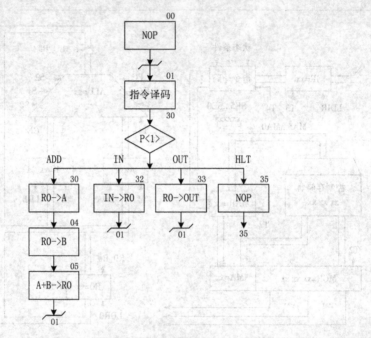

图 2-50   微程序流程图

4 实验步骤

1. 连接电路

按图 2-51 所示连接实验线路,仔细查线无误后接通电源。如果有"嘀"报警声,说明总线有竞争现象,应关闭电源,检查接线,直到错误排除。

2. 对微控器进行读写操作

对微控器进行读写操作分两种情况:手动读写和联机读写。

1)手动读写

Ⅰ. 手动对微控器进行编程(写)

(1)将时序与操作台单元的开关 KK1 置为"停止"挡,KK3 置为"编程"挡,KK4 置为"控存"挡,KK5 置为"置数"挡。

(2)使用 CON 单元的 SD05...SD00 给出微地址,IN 单元给出低 8 位应写入的数据,连续

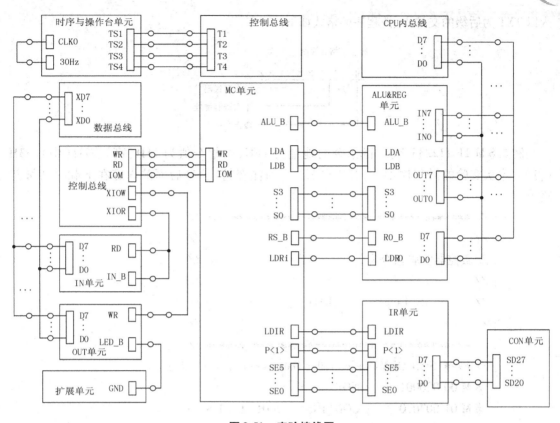

图2-51 实验接线图

两次按动时序与操作台单元的开关ST,将IN单元的数据写到该单元的低8位。

(3)将时序与操作台单元的开关KK5置为"加1"挡。

(4)IN单元给出中8位应写入的数据,连续两次按动时序与操作台单元的开关ST,将IN单元的数据写到该单元的中8位。IN单元给出高8位应写入的数据,连续两次按动时序与操作台单元的开关ST,将IN单元的数据写到该单元的高8位。

(5)重复前四步,将表2-8的微代码写入2816芯片中。

Ⅱ.手动对微控器进行校验(读)

(1)将时序与操作台单元的开关KK1置为"停止"挡,KK3置为"校验"挡,KK4置为"控存"挡,KK5置为"置数"挡。

(2)使用CON单元的SD05...SD00给出微地址,连续两次按动时序与操作台单元的开关ST,MC单元的指数据指示灯M7...M0显示该单元的低8位。

(3)将时序与操作台单元的开关KK5置为"加1"挡。

(4)连续两次按动时序与操作台单元的开关ST,MC单元的数据指示灯M15...M8显示该单元的中8位,MC单元的指数据指示灯M23...M16显示该单元的高8位。

(5)重复前四步,完成对微代码的校验。如果校验出微代码写入错误,重新写入、校验,直至确认微指令的输入无误为止。

2)联机读写

Ⅰ.将微程序写入文件

联机软件提供了微程序下载功能,可以代替手动读写微控器,但微程序要以指定的格式写入以 TXT 为后缀的文件中,微程序的格式如下。

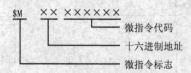

微指令格式说明

例如 $ M 1F 112233,表示微指令的地址为 1FH,微指令值为 11H(高)、22H(中)、33H(低)。本次实验的微程序如下,其中分号";"为注释符,分号后面的内容在下载时将被忽略掉。

```
; // ************************************** //
; //                                        //
; //微控器实验指令文件                       //
; //                                        //
; //          By TangDu CO. ,LTD           //
; //                                        //
; // ************************************** //
; **** Start Of MicroController Data **** //
$ M 00 000001          ; NOP
$ M 01 007070          ; CON(INS) – >IR, P <1 >
$ M 04 002405          ; R0 – >B
$ M 05 04B201          ; A 加 B – > R0
$ M 30 001404          ; R0 – > A
$ M 32 183001          ; IN – > R0
$ M 33 280401          ; R0 – > OUT
$ M 35 000035          ; NOP
; // ***** End Of MicroController Data ***** //
```

Ⅱ.写入微程序

用联机软件的【转储】/【装载】将该格式(∗.TXT)文件装载入实验系统。装入过程中,在软件的输出区的"结果页"会显示装载信息,如当前正在装载的是机器指令还是微指令、还剩多少条指令等。

Ⅲ.校验微程序

选择联机软件的【转储】/【刷新指令区】可以读出下位机所有的机器指令和微指令,并在指令区显示。检查微控器相应地址单元的数据是否和表 2-8 中的十六进制数据相同,如果不同,则说明写入操作失败,应重新写入,可以通过联机软件单独修改某个单元的微指令,先用鼠标左键单击指令区的"微存"Tab 按钮,再单击需修改单元的数据,此时该单元变为编辑框,输入 6 位数据并按"回车"键,编辑框消失,并以红色显示写入的数据。

3. 运行微程序

微程序运行时也分两种情况:本机运行和联机运行。

1）本机运行

（1）将时序与操作台单元的开关 KK1、KK3 置为"运行"挡,按动 CON 单元的 CLR 按钮,将微地址寄存器(MAR)清零,同时也将指令寄存器(IR)、ALU 单元的暂存器 A 和暂存器 B 清零。

（2）将时序与操作台单元的开关 KK2 置为"单拍"挡,然后按动 ST 按钮,体会系统在 T1、T2、T3、T4 节拍中所做的工作。T2 节拍微控器将后续微地址(下条执行的微指令的地址)打入微地址寄存器,当前微指令打入微指令寄存器,并产生执行部件相应的控制信号;T3、T4 节拍根据 T2 节拍产生的控制信号做出相应的执行动作,如果测试位有效,还要根据机器指令及当前微地址寄存器中的内容进行译码,使微程序转入相应的微地址入口,实现微程序的分支。

（3）按动 CON 单元的 CLR 按钮,微地址寄存器(MAR)等清零,并将时序与操作台单元的开关 KK2 置为"单步"挡。

（4）置 IN 单元数据为 00100011,按动 ST 按钮,当 MC 单元后续微地址显示为 000001 时,在 CON 单元的 SD27...SD20 模拟给出 IN 指令 00100000 并继续单步执行,当 MC 单元后续微地址显示为 000001 时,说明当前指令已执行完;在 CON 单元的 SD27...SD20 给出 ADD 指令 00000000,该指令将会在下个 T3 被打入指令寄存器(IR),它将 R0 中的数据和其自身相加后送至 R0;接下来在 CON 单元的 SD27...SD20 给出 OUT 指令 00110000 并继续单步执行,在 MC 单元后续微地址显示为 000001 时,观察 OUT 单元的显示值是否为 01000110。

2）联机运行

联机运行时,进入软件界面,在菜单上选择【实验】/【微控器实验】,打开本实验的数据通路图,也可以通过工具栏上的下拉框打开数据通路图,数据通路图如图 2-49 所示。

将时序与操作台单元的开关 KK1、KK3 置为"运行"挡,按动 CON 单元的总清开关后,按动软件中单节拍按钮,当后续微地址(通路图中的 MAR)为 000001 时,置 CON 单元 SD27...SD20,产生相应的机器指令,该指令将会在下个 T3 被打入指令寄存器(IR),在后面的节拍中将执行这条机器指令。仔细观察每条机器指令的执行过程,体会后续微地址被强置转换的过程,这是计算机识别和执行指令的根基。也可以打开微程序流程图,跟踪显示每条机器指令的执行过程。

按本机运行的顺序给出数据和指令,观察最后的运算结果是否正确。

实验五　具有中断控制功能的总线接口实验

1　实验目的

（1）掌握中断控制信号线的功能和应用。

（2）掌握在系统总线上设计中断控制信号线的方法。

2 实验设备

PC 机一台,TD – CMA 实验系统一套,电压表一个。

3 实验原理

为了实现中断控制,CPU 必须有一个中断使能寄存器,并且可以通过指令对该寄存器进行操作。设计下述中断使能寄存器,其原理如图 2-52 所示。其中 EI 为中断允许信号,CPU 开中断指令 STI 对其置 1,而 CPU 关中断指令 CLI 对其置 0。每条指令执行完时,若允许中断,CPU 给出开中断使能标志 STI,打开中断使能寄存器,EI 有效,EI 再和外部给出的中断请求信号一起参与指令译码,使程序进入中断处理流程。

本实验要求设计的系统总线具备类 X86 的中断功能,若外部中断请求有效、CPU 允许响应中断,在当前指令执行完时,CPU 将响应中断。当 CPU 响应中断时,将会向 8259 发送两个连续的 $\overline{INTA}$ 信号。

注意:连续的 $\overline{INTA}$ 信号,8259 是在接收到第一个 $\overline{INTA}$ 信号后锁住向 CPU 的中断请求信号 INTR(高电平有效),并且在第二个 $\overline{INTA}$ 信号到达后将其变为低电平(自动 EOI 方式),所以中断请求信号 IR0 应该维持一段时间,直到 CPU 发送出第一个 $\overline{INTA}$ 信号,这才是一个有效的中断请求。8259 在收到第二个 $\overline{INTA}$ 信号后,就会将中断向量号发送到数据总线,CPU 读取中断向量号,并转入相应的中断处理程序中。

在读取中断向量时,需要从数据总线向 CPU 内总线传送数据。所以需要设计数据缓冲控制逻辑,在 $\overline{INTA}$ 信号有效时,允许数据从数据总线流向 CPU 内总线。其原理如图 2-53 所示,其中 $\overline{RD}$ 为 CPU 从外部读取数据的控制信号。

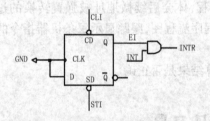

图 2-52　中断使能寄存器原理图

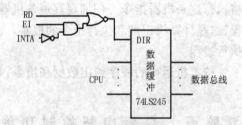

图 2-53　数据缓冲控制原理图

在控制总线部分表现为当 CPU 开中断允许信号 STI 有效、关中断允许信号 CLI 无效时,中断标志 EI 有效;当 CPU 开中断允许信号 STI 无效、关中断允许信号 CLI 有效时,中断标志 EI 无效。EI 无效时,外部的中断请求信号不能发送给 CPU。

4 实验步骤

(1)按照图 2-54 实验接线图进行连线。
(2)具体操作步骤如下。

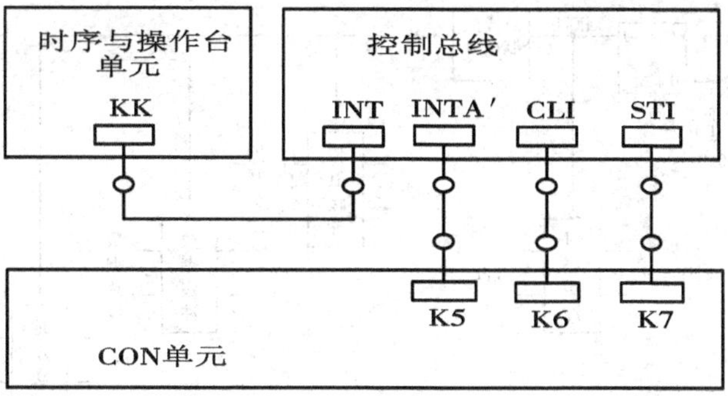

图2-54　实验接线图

① 对总线进行置中断操作(K6 = 1,K7 = 0),观察控制总线部分的中断允许指示灯 EI,此时 EI 亮,表示允许响应外部中断。按动时序与操作台单元的开关 KK,观察控制总线单元的指示灯 INTA,发现当开关 KK 按下时 INTA 变亮,表示总线将外部的中断请求送到 CPU。

②对总线进行清中断操作(K6 = 0,K7 = 1),观察控制总线部分的中断允许指示灯 EI,此时 EI 灭,表示禁止响应外部中断。按动时序与操作台单元的开关 KK,观察控制总线单元的指示灯 INTA,发现当开关 KK 按下时 INTA 不变,仍然为灭,表示总线锁死了外部的中断请求。

③对总线进行置中断操作(K6 = 1,K7 = 0),当 CPU 给出的中断应答信号 INTA′(K5 = 0)有效时,使用电压表测量数据缓冲 74LS245 的 DIR(第 1 脚),显示为低,表示 CPU 允许外部送中断向量号。

实验六　具有 DMA 控制功能的总线接口实验

1　实验目的

(1)掌握 DMA 控制信号线的功能和应用。

(2)掌握在系统总线上设计 DMA 控制信号线的方法。

2　实验设备

PC 机一台,TD – CMA 实验系统一套,电压表一个。

3　实验原理

有一类外设在使用时需要占用总线,典型代表是 DMA 控制机。在使用这类外设时,总线的控制权要在 CPU 和外设之间进行切换,这就需要总线具有相应的信号来实现这种切换,避免总线竞争,使 CPU 和外设能够正常工作。下面以 DMA 操作为例,设计相应的总线控制信号线,实验原理如图 2-55 所示。

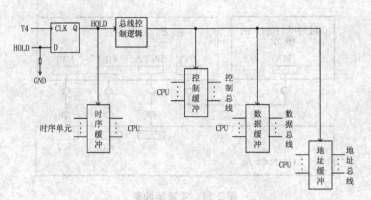

图 2-55   实验原理图

进行 DMA 操作时,外设向 DMAC(DMA 控制机)发出 DMA 传送请求,DMAC 通过总线上的 HOLD 信号向 CPU 提出 DMA 请求。CPU 在完成当前总线周期后对 DMA 请求做出响应。CPU 的响应包括两个方面:一方面让出总线控制权;另一方面将有效的 HOLD 信号加到 DMAC 上,通知 DMAC 可以使用总线进行数据传输。此时,DMAC 进行 DMA 传输,传输完成后,停止向 CPU 发 HOLD 信号,撤销总线请求,交还总线控制权。CPU 在收到无效的 HOLD 信号后,一方面使 HOLD 无效,另一方面又重新开始控制总线,实现正常的运行。

如图 2-55 所示,在每个机器周期的 T4 时刻根据 HOLD 信号来判断是否有 DMA 请求,如果有,则产生有效的 HOLD 信号,HOLD 信号一方面锁死 CPU 的时钟信号,使 CPU 保持当前状态,等待 DMA 操作的结束;另一方面使控制缓冲、数据缓冲、地址缓冲都处于高阻状态,隔断 CPU 与外总线的联系,将外总线交由 DMAC 控制。当 DMA 操作结束后,DMAC 将 HOLD 信号置为无效,DMA 控制逻辑在 T4 时刻将 HOLD 信号置为无效,HOLD 信号一方面打开 CPU 的时钟信号,使 CPU 开始正常运行;另一方面把控制缓冲、数据缓冲和地址缓冲交由 CPU 控制,恢复 CPU 对总线的控制权。

在本实验中,控制缓冲由写在 16V8 芯片中的组合逻辑实现,数据缓冲和地址缓冲由数据总线和地址总线左侧的 74LS245 实现。以存储器读信号为例,体现 HOLD 信号对控制总线的控制。首先模拟 CPU 给出存储器读信号(置 WR、RD、IOM 分别为 0、1、0),当 HOLD 信号无效时,总线上输出的存储器读信号 XMRD 为有效态"0";当 HOLD 信号有效时,总线上输出的存储器读信号 XMRD 为高阻态。可以自行设计其余的控制信号验证实验。

4 实验步骤

(1)按照图 2-56 实验接线图进行连线。

(2)具体操作步骤如下。

①将时序与操作台单元的开关 KK1、KK3 置为"运行"挡,开关 KK2 置为"单拍"挡,按动 CON 单元的总清按钮 CLR,将 CON 单元的 WR、RD、IOM 分别置为 0、1、0,此时 XMRD 为低,相应的指示灯 E0 灭。使用电压表测量数据总线和地址总线左侧的芯片 74LS245 的使能控制信号(第 19 脚),发现电压为低,说明数据总线和地址总线与 CPU 连通。

②将 CON 单元的 K7 置为 1,连续按动时序与操作台单元的开关 ST,T4 时刻控制总线的

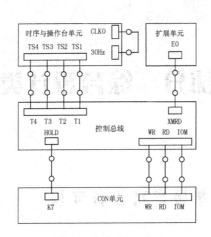

图 2-56　实验接线图

指示灯 HOLD 为亮,继续按动开关 ST,发现控制总线单元的时钟信号指示灯 T1...T4 保持不变,说明 CPU 的时钟被锁死。此时 XMRD 为高阻态,相应的指示灯 E0 亮。使用电压表测量数据总线和地址总线左侧的芯片 74LS245 的使能控制信号(第 19 脚),发现电压为高,说明总线和 CPU 的连接被阻断。

③将 CON 单元的 K7 置为 0,按动时序与操作台单元的开关 ST,当时序信号走到 T4 时刻时,控制总线的指示灯 HOLD 为灭,继续按动开关 ST,发现控制总线单元的时钟信号指示灯 T1...T4 开始变化,说明 CPU 的时钟被接通。此时 XMRD 受 CPU 控制,恢复有效为低,相应的指示灯 E0 灭。使用电压表测量数据总线和地址总线左侧的芯片 74LS245 的使能控制信号(第 19 脚),发现电压为低,说明总线和 CPU 恢复连通。

第三部分　综合设计类实验

实验一　CPU 与简单模型机设计实验

1　实验目的

(1)掌握一个简单 CPU 的组成原理。

(2)在掌握部件单元电路的基础上,进一步构造一台基本模型计算机。

(3)定义五条机器指令,编写相应的微程序,并上机调试掌握整机概念。

2　实验设备

PC 机一台,TD – CMA 实验系统一套。

3　实验原理

本实验要实现一个简单的 CPU,并且在此 CPU 的基础上,继续构建一个简单的模型计算机。CPU 由运算器(ALU)、微程序控制器(MC)、通用寄存器(R0)、指令寄存器(IR)、程序计数器(PC)和地址寄存器(AR)组成,如图 3-1 所示。这个 CPU 在写入相应的微指令后,就具备了执行机器指令的功能。但是机器指令一般存放在主存当中,CPU 必须和主存挂接后,才有实际的意义,所以还需要在该 CPU 的基础上增加一个主存和基本的输入输出部件,以构成一个简单的模型计算机。

除了程序计数器,其余部件在前面的实验中都已用到,在此不再讨论。程序计数器原理如图 3-2 所示。系统的程序计数器和地址寄存器集成在一片 CPLD 芯片中。CLR 连接至 CON 单元的总清端 CLR,按下 CLR 按钮,将使 PC 清零,LDPC 和 T3 相与后作为计数器的计数时钟,当 LOAD 为低时,计数时钟到来后将 CPU 内总线上的数据打入 PC。

本模型机和前面微程序控制器实验相比,新增加一条跳转指令 JMP,共有五条指令,即 IN(输入)、ADD(二进制加法)、OUT(输出)、JMP(无条件转移)、HLT(停机),其指令格式如下(高 4 位为操作码):

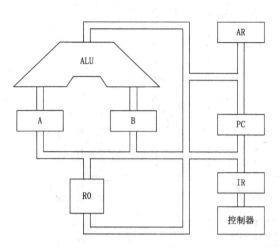

图 3-1　基本 CPU 构成原理图

图 3-2　程序计数器（PC）原理图

助记符	机器指令码		说明
IN	0010 0000		IN→R0
ADD	0000 0000		R0 + R0→R0
OUT	0011 0000		R0→OUT
JMP addr	1110 0000	********	addr→PC
HLT	0101 0000		停机

其中,JMP 为双字节指令,其余均为单字节指令,"********"为 addr 对应的二进制地址码。微程序控制器实验的指令是通过手动给出的,现在要求 CPU 自动从存储器读取指令并执行。根据以上要求,设计数据通路图,如图 3-3 所示。

本实验在前一个实验的基础上增加了三个部件,即 PC（程序计数器）、AR（地址寄存器）、MEM（主存）。因而,在微指令中应增加相应的控制位,其微指令格式如表 3-1 所示。

表 3-1　微指令格式

23	22	21	20	19	18 ~ 15	14 ~ 12	11 ~ 9	8 ~ 6	5 ~ 0
M23	M22	WR	RD	IOM	S3...S0	A 字段	B 字段	C 字段	MA5...MA0

A 字段			
14	13	12	选择
0	0	0	NOP
0	0	1	LDA
0	1	0	LDB
0	1	1	LDR0
1	0	0	保留
1	0	1	LOAD
1	1	0	LDAR
1	1	1	LDIR

B 字段			
11	10	9	选择
0	0	0	NOP
0	0	1	ALU_B
0	1	0	R0_B
0	1	1	保留
1	0	0	保留
1	0	1	保留
1	1	0	PC_B
1	1	1	保留

C 字段			
8	7	6	选择
0	0	0	NOP
0	0	1	P<1>
0	1	0	保留
0	1	1	保留
1	0	0	保留
1	0	1	LDPC
1	1	0	保留
1	1	1	保留

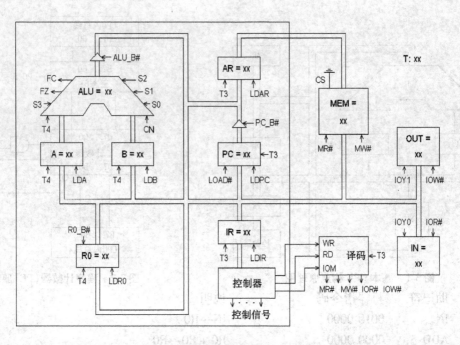

图 3-3　数据通路图

系统涉及的微程序流程图如图 3-4 所示,当拟定"取指"微指令时,该微指令的判别测试字段为 P<1>测试。指令译码原理如图 2-44 所示,由于"取指"微指令是所有微程序都使用的公用微指令,因此 P<1> 的测试结果出现多路分支。本机用指令寄存器的高 6 位(IR7…IR2)作为测试条件,出现 5 路分支,占用 5 个固定微地址单元,剩下的其他地方就可以一条微指令占用控存一个微地址单元随意填写,微程序流程图上的单元地址为十六进制。

当全部微程序设计完毕后,应将每条微指令代码化,表 3-2 即为将图 3-4 的微程序流程图按微指令格式转化而成的"二进制微代码表"。

表 3-2　二进制微代码表

地址	十六进制	高五位	S3…S0	A 字段	B 字段	C 字段	MA5…MA0
00	00 00 01	00000	0000	000	000	000	000001
01	00 6D 43	00000	0000	110	110	101	000011
03	10 70 70	00010	0000	111	000	001	110000
04	00 24 05	00000	0000	010	010	000	000101
05	04 B2 01	00000	1001	011	001	000	000001
1D	10 51 41	00010	0000	101	000	101	000001
30	00 14 04	00000	0000	001	010	000	000100
32	18 30 01	00011	0000	011	000	000	000001
33	28 04 01	00101	0000	000	010	000	000001
35	00 00 35	00000	0000	000	000	000	110101

地址	十六进制	高五位	S3…S0	A 字段	B 字段	C 字段	MA5…MA0
3C	00 6D 5D	00000	0000	110	110	101	011101

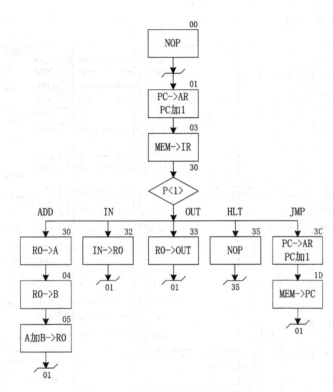

图 3-4　简单模型机微程序流程图

设计一段机器程序,要求从 IN 单元读入一个数据,存于 R0,将 R0 和自身相加,结果存于 R0,再将 R0 的值送 OUT 单元显示。

根据要求可以得到如下程序,地址和内容均为二进制数。

地　址	内　容	助记符	说　明
00000000	00100000	; START: IN	R0 从 IN 单元读入数据送 R0
00000001	00000000	; ADD R0,R0	R0 和自身相加,结果送 R0
00000010	00110000	; OUT R0	R0 的值送 OUT 单元显示
00000011	11100000	; JMP START	跳转至 00H 地址
00000100	00000000	;	
00000101	01010000	; HLT	停机

4 实验步骤

1. 连接线路

按图 3-5 连接实验线路。

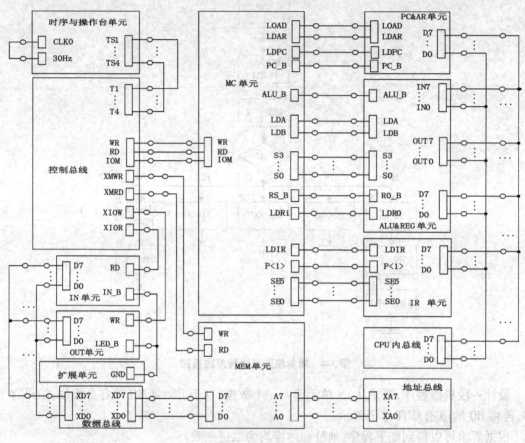

图 3-5 实验接线图

2. 写入实验程序,并进行校验

写入实验程序分两种方式:手动写入和联机写入。

1)手动写入和校验

Ⅰ.手动写入微程序

(1)将时序与操作台单元的开关 KK1 置为"停止"挡,KK3 置为"编程"挡,KK4 置为"控存"挡,KK5 置为"置数"挡。

(2)使用 CON 单元的 SD05...SD00 给出微地址,IN 单元给出低 8 位应写入的数据,连续两次按动时序与操作台的开关 ST,将 IN 单元的数据写到该单元的低 8 位。

(3)将时序与操作台单元的开关 KK5 置为"加 1"挡。

(4)IN 单元给出中 8 位应写入的数据,连续两次按动时序与操作台的开关 ST,将 IN 单元的数据写到该单元的中 8 位。IN 单元给出高 8 位应写入的数据,连续两次按动时序与操作台单元的开关 ST,将 IN 单元的数据写到该单元的高 8 位。

(5)重复前四步,将表 3-2 的微代码写入 2816 芯片中。

Ⅱ. 手动校验微程序

(1)将时序与操作台单元的开关 KK1 置为"停止"挡,KK3 置为"校验"挡,KK4 置为"控存"挡,KK5 置为"置数"挡。

(2)使用 CON 单元的 SD05…SD00 给出微地址,连续两次按动时序与操作台单元的开关 ST,MC 单元的指数据指示灯 M7…M0 显示该单元的低 8 位。

(3)将时序与操作台单元的开关 KK5 置为"加 1"挡。

(4)连续两次按动时序与操作台单元的开关 ST,MC 单元的指数据指示灯 M15…M8 显示该单元的中 8 位,MC 单元的指数据指示灯 M23…M16 显示该单元的高 8 位。

(5)重复前四步,完成对微代码的校验。如果校验出微代码写入错误,重新写入、校验,直至确认微指令的输入无误为止。

Ⅲ. 手动写入机器程序

(1)将时序与操作台单元的开关 KK1 置为"停止"挡,KK3 置为"编程"挡,KK4 置为"主存"挡,KK5 置为"置数"挡。

(2)使用 CON 单元的 SD07…SD00 给出地址,IN 单元给出该单元应写入的数据,连续两次按动时序与操作台单元的开关 ST,将 IN 单元的数据写到该存储器单元。

(3)将时序与操作台单元的开关 KK5 置为"加 1"挡。

(4)IN 单元给出下一地址(地址自动加 1)应写入的数据,连续两次按动时序与操作台单元的开关 ST,将 IN 单元的数据写到该单元中。然后地址又会自加 1,只需在 IN 单元输入后续地址的数据,连续两次按动时序与操作台单元的开关 ST,即可完成对该单元的写入。

(5)亦可重复(1)(2)两步,将所有机器指令写入主存芯片中。

Ⅳ. 手动校验机器程序

(1)将时序与操作台单元的开关 KK1 置为"停止"挡,KK3 置为"校验"挡,KK4 置为"主存"挡,KK5 置为"置数"挡。

(2)使用 CON 单元的 SD07…SD00 给出地址,连续两次按动时序与操作台单元的开关 ST,CPU 内总线的指数据指示灯 D7…D0 显示该单元的数据。

(3)将时序与操作台单元的开关 KK5 置为"加 1"挡。

(4)连续两次按动时序与操作台的开关 ST,地址自动加 1,CPU 内总线的指数据指示灯 D7…D0 显示该单元的数据。此后每两次按动时序与操作台单元的开关 ST,地址自动加 1,CPU 内总线的指数据指示灯 D7…D0 显示该单元的数据,继续进行该操作,直至完成校验。如发现错误,则返回重新写入,然后校验,直至确认输入的所有指令准确无误。

(5)亦可重复(1)(2)两步,完成对指令码的校验。如果校验出指令码写入错误,重新写入、校验,直至确认指令码的输入无误为止。

2)联机写入和校验

联机软件提供了微程序和机器程序下载功能,以代替手动读写微程序和机器程序,但是微程序和机器程序要以指定的格式写入到以".TXT"为后缀的文件中,微程序和机器程序的格式如下。

机器指令格式说明：

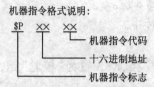

微指令格式说明

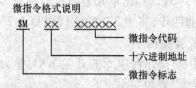

本次实验程序如下,程序中分号";"为注释符,分号后面的内容在下载时将被忽略掉。

```
; // *************************************** //
; //                                         //
; //      CPU 与简单模型机实验指令文件        //
; //                                         //
; //      By TangDu CO. ,LTD                 //
; //                                         //
; // *************************************** //


; // ****** Start Of Main Memory Data ****** //
  $ P 00 20      ; START: IN  R0 从 IN 单元读入数据送 R0
  $ P 01 00      ; ADD R0,R0  R0 和自身相加,结果送 R0
  $ P 02 30      ; OUT R0     R0 的值送 OUT 单元显示
  $ P 03 E0      ; JMP START  跳转至 00H 地址
  $ P 04 00      ;
  $ P 05 50      ; HLT        停机
; // ******* End Of Main Memory Data ******* //


; // **** Start Of MicroController Data **** //
  $ M 00 000001   ; NOP
  $ M 01 006D43   ; PC - >AR,PC 加 1
  $ M 03 107070   ; MEM - >IR, P <1 >
  $ M 04 002405   ; R0 - >B
  $ M 05 04B201   ; A 加 B - >R0
  $ M 1D 105141   ; MEM - >PC
  $ M 30 001404   ; R0 - >A
  $ M 32 183001   ; IN - >R0
  $ M 33 280401   ; R0 - >OUT
  $ M 35 000035   ; NOP
  $ M3C 006D5D    ; PC - >AR,PC 加 1
; // ** End Of MicroController Data ** //
```

选择联机软件的【转储】/【装载】,在"打开文件"对话框中选择上面所保存的文件,软件自动将机器程序和微程序写入指定单元。

选择联机软件的【转储】/【刷新指令区】,可以读出下位机所有的机器指令和微指令,并在指令区显示,对照文件检查微程序和机器程序是否正确。如果不正确,则说明写入操作失败,应重新写入。可以通过联机软件单独修改某个单元的指令,以修改微指令为例,先用鼠标左键单击指令区的"微存"Tab 按钮,然后单击需修改单元的数据,此时该单元变为编辑框,输入 6 位数据并按 Enter 键,编辑框消失,并以红色显示写入的数据。

3. 运行程序

运行程序有两种方法:本机运行和联机运行。

1)本机运行

将时序与操作台单元的开关 KK1、KK3 置为"运行"挡,按动 CON 单元的总清按钮 CLR,将使程序计数器 PC、地址寄存器 AR 和微程序地址为 00H,程序可以从头开始运行,暂存器 A、暂存器 B、指令寄存器 IR 和 OUT 单元也会被清零。

将时序与操作台单元的开关 KK2 置为"单步"挡,每按动一次 ST 按钮,即可单步运行一条微指令,对照微程序流程图,观察微地址显示灯是否和流程一致。每运行完一条微指令,观测一次 CPU 内总线和地址总线,对照数据通路图,分析总线上的数据是否正确。

当模型机执行完 JMP 指令后,检查 OUT 单元显示的数是否为 IN 单元值的 2 倍,按下 CON 单元的总清按钮 CLR,改变 IN 单元的值,再次执行机器程序,从 OUT 单元显示的数判别程序执行是否正确。

2)联机运行

将时序与操作台单元的开关 KK1、KK3 置为"运行"挡,进入软件界面,选择菜单命令【实验】/【简单模型机】,打开简单模型机数据通路图。

按动 CON 单元的总清按钮 CLR,然后通过软件运行程序,选择相应的功能命令,即可联机运行、监控、调试程序。当模型机执行完 JMP 指令后,检查 OUT 单元显示的数是否为 IN 单元值的 2 倍。在数据通路图和微程序流程图中观测指令的执行过程,并观测软件中地址总线、数据总线以及微指令显示和下位机是否一致。

实 验 二　硬 布 线 控 制 器 模 型 机 设 计 实 验

1　实验目的

(1)掌握硬布线控制器的组成原理和设计方法。
(2)了解硬布线控制器和微程序控制器的各自优缺点。

2　实验设备

PC 机一台,TD - CMA 实验系统一套。

3 实验原理

硬布线控制器本质上是一种由门电路和触发器构成的复杂树形网络,它将输入逻辑信号转换成一组输出逻辑信号,即控制信号。硬布线控制器的输入信号有指令寄存器的输出、时序信号和运算结果标志状态信号等,输出的就是所有各部件需要的各种微操作信号。

硬布线控制器的设计思想是:在硬布线控制器中,操作控制器发出的各种控制信号是时间因素和空间因素的函数。各个操作定时的控制构成了操作控制信号的时间特征,而各种不同部件的操作所需要的不同操作信号则构成了操作控制信号的空间特征。硬布线控制器就是把时间信号和操作信号组合,产生具有定时特点的控制信号。

简单模型机的控制器是微程序控制器,本实验中的模型机将用硬布线控制器取代微程序控制器,其余部件和简单模型机的一样,所以其数据通路图也和简单模型机(见图 3-3)的一样,机器指令也和简单模型机的机器指令一样,如下所示。

助记符	机器指令码	说明
IN	0010 0000	IN→R0
ADD	0000 0000	R0 + R0→R0
OUT	0011 0000	R0→OUT
JMP addr	1110 0000 ********	addr→PC
HLT	0101 0000	停机

根据指令要求,得出用时钟进行驱动的状态机描述,即得出其有限状态机,如图 3-6 所示。下面分析每个状态中的基本操作。

S0:空操作,系统复位后的状态
S1:PC - > AR,PC + 1
S2:MEM - > BUS,BUS - > IR
S3:R0 - > BUS,BUS - > A
S4:R0 - > BUS,BUS - > B
S5:A 加 B - > BUS,BUS - > R0
S6:IN - > BUS,BUS - > R0
S7:R0 - > BUS,BUS - > OUT
S8:空操作
S9:PC - > AR,PC + 1
S10:MEM - > BUS,BUS - > PC

设计一段机器程序,要求从 IN 单元读入一个数据存于 R0,将 R0 和自身相加,结果存于 R0,再将 R0 的值送 OUT 单元显示。

4 实验步骤

(1)分析每个状态所需的控制信号,并汇总成表,如表 3-3 所示。

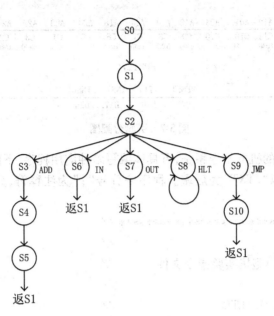

图 3-6　状态机描述

表 3-3　控制信号表

状态号	控制信号
S0	0 0 0 0 0 0 0 0 1 0 0 1 1 0 1 0
S1	0 0 0 0 0 0 0 0 1 1 0 1 1 0 0 1
S2	0 1 0 0 0 0 0 0 1 0 1 1 1 0 1 0
S3	0 0 0 0 0 0 1 0 1 0 0 1 0 0 1 0
S4	0 0 0 0 0 0 0 1 1 0 0 1 0 0 1 0
S5	0 0 0 1 0 0 1 0 0 1 0 0 0 1 1 1 0
S6	0 1 1 0 0 0 0 0 1 0 0 1 1 1 1 0
S7	1 0 1 0 0 0 0 0 1 0 0 1 0 0 1 0
S8	0 0 0 0 0 0 0 0 1 0 0 1 1 0 1 0
S9	0 0 0 0 0 0 0 0 1 1 0 1 1 0 0 1
S10	0 1 0 0 0 0 0 0 0 0 0 0 1 1 0 1 1

控制信号由左至右依次为 WR,RD,IOM,S3,S2,S1,S0,LDA,LDB,LOAD,LDAR,LDIR, ALU＿B,R0＿B,LDR0,PC＿B,LDPC。

(2)用 VHDL 语言来设计本实验的状态机,使用 Quartus Ⅱ 软件编辑 VHDL 文件并进行编译,硬布线控制器在 EPM1270 芯片中对应的引脚如图 3-7 所示(本实验例程见"安装路径\Cpld \Controller\Controller. qpf"工程)。

(3)关闭实验系统电源,按图 3-8 连接实验电路。注意:不要将 CPLD 扩展板上的"A09"引脚接至控制总线的"INTA'",否则可能导至实验失败。

(4)打开实验系统电源,将生成的 POF 文件下载到 CPLD 单元的 EPM1270 中去。

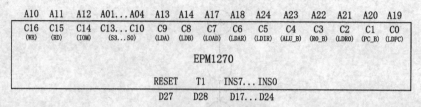

图 3-7　引脚分配图

（5）用本实验定义的机器指令系统，可具体编写多种应用程序，下面给出的是本次实验的例程，其程序的文件名以".TXT"为后缀。程序中分号";"为注释符，分号后面的内容在下载时将被忽略掉。

```
; // ********************************* //
; //                                  //
; //硬布线控制器模型机实验指令文件      //
; //                                  //
; //      By TangDu CO. ,LTD          //
; //                                  //
; // ********************************* //


; // **** Start Of Main Memory Data  **** //
   $ P 00 20     ; START: IN  R0    从 IN 单元读入数据送 R0
   $ P 01 00     ; ADD R0,R0        R0 和自身相加,结果送 R0
   $ P 02 30     ; OUT R0           R0 的值送 OUT 单元显示
   $ P 03 E0     ; JMP START        跳转至 START
   $ P 04 00     ;
   $ P 05 50     ; HLT              停机
; // ***** End Of Main Memory Data  ***** //
```

（6）进入软件界面,装载机器指令,选择菜单命令【实验】/【简单模型机】,打开简单模型机数据通路图,按动 CON 单元的总清按钮 CLR,使程序计数器 PC 地址清零,控制器状态机回到 S0,程序从头开始运行,选择相应的功能命令,即可联机运行、监控、调试程序。

（7）当模型机执行完 JMP 指令后,检查 OUT 单元显示的数是否为 IN 单元值的 2 倍。按下 CON 单元的总清按钮 CLR,改变 IN 单元的值,再次执行机器程序,从 OUT 单元显示的数判别程序执行是否正确。

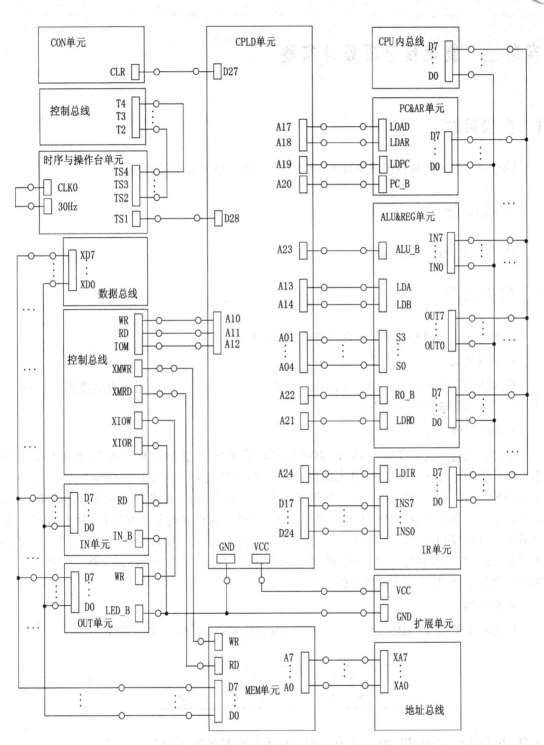

图 3-8 实验接线图

实验三 复杂模型机设计实验

1 实验目的

综合运用所学计算机组成原理知识,设计并实现较为完整的计算机。

2 实验设备

PC 机一台,TD – CMA 实验系统一套。

3 实验原理

下面讲述一下模型计算机的数据格式及指令系统。

1. 数据格式

模型机规定采用定点补码表示法表示数据,字长为 8 位,8 位全用来表示数据(最高位不表示符号),数值表示范围是 $0 \leqslant X \leqslant 2^8 - 1$。

2. 指令设计

模型机设计三大类指令共 15 条,其中包括运算类指令、控制转移类指令、数据传送类指令。运算类指令包含三种运算:算术运算、逻辑运算和移位运算。运算类指令有 6 条,分别为 ADD、AND、INC、SUB、OR、RR。所有运算类指令都为单字节,寻址方式采用寄存器直接寻址。控制转移类指令有三条,分别为 HLT、JMP、BZC,用以控制程序的分支和转移,其中 HLT 为单字节指令,JMP 和 BZC 为双字节指令。数据传送类指令有 IN、OUT、MOV、LDI、LAD、STA 共 6 条,用以完成寄存器和寄存器、寄存器和 I/O、寄存器和存储器之间的数据交换,除 MOV 指令为单字节指令外,其余均为双字节指令。

3. 指令格式

所有单字节指令(ADD、AND、INC、SUB、OR、RR、HLT 和 MOV)格式如下。

7 6 5 4	3 2	1 0
OP-CODE	RS	RD

其中,OP-CODE 为操作码,RS 为源寄存器,RD 为目的寄存器,并有如下规定。

RS 或 RD	选定的寄存器
00	R0
01	R1
10	R2
11	R3

IN 和 OUT 的指令格式如下。

7 6 5 4(1)	3 2(1)	1 0(1)	7 ~ 0(2)
OP-CODE	RS	RD	P

其中,括号中的 1 表示指令的第一字节,括号中的 2 表示指令的第二字节,OP-CODE 为操作码,RS 为源寄存器,RD 为目的寄存器,P 为 I/O 端口号,占用一个字节,系统的 I/O 地址译码原理如图 3-9 所示(在地址总线单元)。

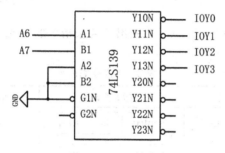

图 3-9　I/O 地址译码原理图

由于用的是地址总线的高两位进行译码,I/O 地址空间被分为四个区,如表 3-4 所示。

表 3-4　I/O 地址空间分配

A7　A6	选定	地址空间
00	IOY0	00 ~ 3F
01	IOY1	40 ~ 7F
10	IOY2	80 ~ BF
11	IOY3	C0 ~ FF

系统设计五种数据寻址方式,即立即、直接、间接、变址和相对寻址,LDI 指令为立即寻址,LAD、STA、JMP 和 BZC 指令均具备直接、间接、变址和相对寻址能力。

LDI 的指令格式如下,第一字节同前一样,第二字节为立即数。

7 6 5 4(1)	3 2(1)	1 0(1)	7 ~ 0(2)
OP-CODE	RS	RD	data

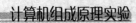
LAD、STA、JMP 和 BZC 指令格式如下。

7 6 5 4(1)	3 2(1)	1 0(1)	7 ~ 0(2)
OP-CODE	M	RD	D

其中,M 为寻址模式,具体见表3-5,以 R2 作为变址寄存器 RI。

表3-5　寻址方式

寻址模式 M	有效地址 E	说　明
00	E = D	直接寻址
01	E = (D)	间接寻址
10	E = (RI) + D	RI 变址寻址
11	E = (PC) + D	相对寻址

4. 指令系统

本模型机共有 15 条基本指令,表3-6 列出了各条指令的格式、汇编符号、指令功能。

表3-6　指令描述

助记符号	指令格式				指令功能
MOV RD,RS	0100	RS		RD	RS→RD
ADD RD,RS	0000	RS		RD	RD + RS→RD
SUB RD,RS	1000	RS		RD	RD − RS→RD
AND RD,RS	0001	RS		RD	RD∧RS→RD
CR RD,RS	1001	RS		RD	RD∨RS→RD
RR RD,RS	1010	RS		RD	RS 右环移→RD
INC RD	0111	* *		RD	RD + 1→RD
LAD M D,RD	1100	M	RD	D	E→RD
STA M D,RS	1101	M	RD	D	RD→E
JMP M D	1110	M	* *	D	E→PC
BZC M D	1111	M	* *	D	当 FC 或 FZ = 1 时, E→PC
IN RD,P	0010	* *	RD	P	[P]→RD
OUT P,RS	0011	RS	* *	P	RS→[P]

LDI RD,D	0110	＊＊	RD	D	D→RD
HLT	0101	＊＊	＊＊		停机

4　总体设计

本模型机的数据通路图如图 3-10 所示。

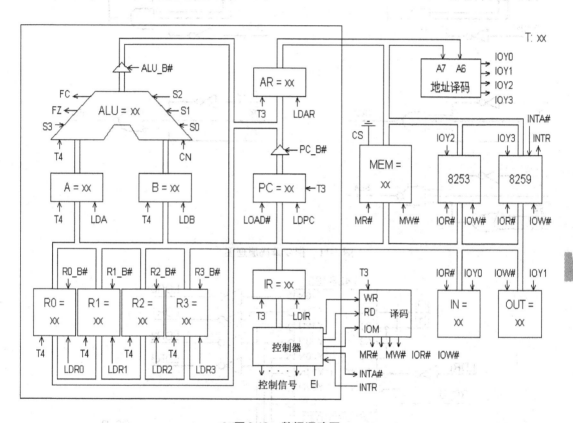

图 3-10　数据通路图

与前面的实验相比,复杂模型机实验指令多、寻址方式多,只用一种测试已不能满足设计要求,为此指令译码电路需要重新设计,如图 3-11 所示,在 IR 单元的 INS_DEC 中实现。

本实验中要用到四个通用寄存器 R3…R0,而对寄存器的选择是通过指令的低四位,为此还要设计一个寄存器译码电路,在 IR 单元的 REG_DEC(GAL16V8)中实现,如图 3-12 所示。

根据机器指令系统要求,设计微程序流程图及确定微地址,如图 3-13 所示。

按照系统建议的微指令格式(见表 3-7),参照微指令流程图,将每条微指令代码化,译成二进制代码表(见表 3-8),并将二进制代码表转换为联机操作时的十六进制格式文件。

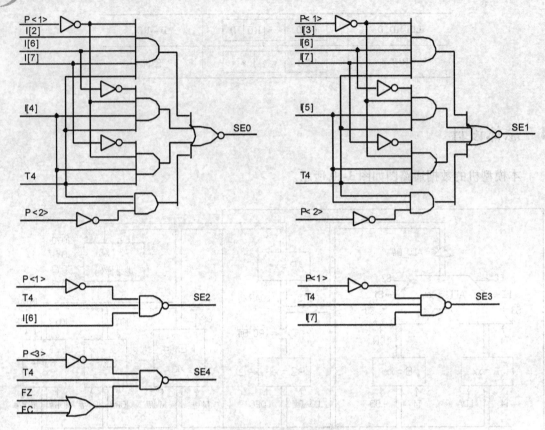

图 3-11　指令译码原理图

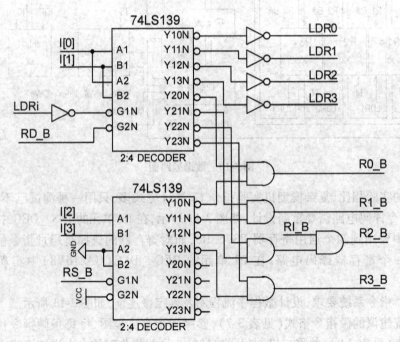

图 3-12　寄存器译码原理图

表 3-7　微指令格式

23	22	21	20	19	18 ~ 15	14 ~ 12	11 ~ 9	8 ~ 6	5 ~ 0
M23	M22	WR	RD	IOM	S3...S0	A 字段	B 字段	C 字段	UA5...UA0

A 字段			
14	13	12	选择
0	0	0	NOP
0	0	1	LDA
0	1	0	LDB
0	1	1	LDRi
1	0	0	保留
1	0	1	LOAD
1	1	0	LDAR
1	1	1	LDIR

B 字段			
11	10	9	选择
0	0	0	NOP
0	0	1	ALU _ B
0	1	0	RS _ B
0	1	1	RD _ B
1	0	0	RI _ B
1	0	1	保留
1	1	0	PC _ B
1	1	1	保留

C 字段			
8	7	6	选择
0	0	0	NOP
0	0	1	P < 1 >
0	1	0	P < 2 >
0	1	1	P < 3 >
1	0	0	保留
1	0	1	LDPC
1	1	0	保留
1	1	1	保留

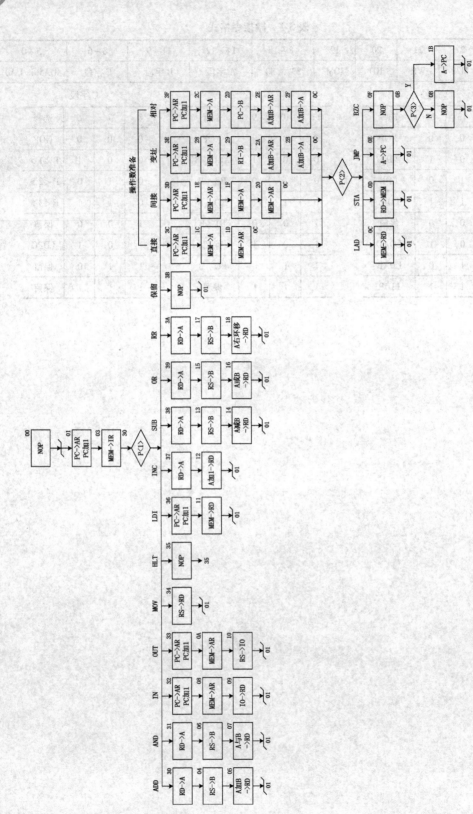

图 3 -13 微程序流程图

表3-8　二进制代码表

地址	十六进制表示	高五位	S3…S0	A 字段	B 字段	C 字段	UA5…UA0
00	00 00 01	00000	0000	000	000	000	000001
01	00 6D 43	00000	0000	110	110	101	000011
03	10 70 70	00010	0000	111	000	001	110000
04	00 24 05	00000	0000	010	011	000	000101
05	04 B2 01	00000	1001	011	001	000	000001
06	00 24 07	00000	0000	010	011	000	000111
07	01 32 01	00000	0010	011	001	000	000001
08	10 60 09	00010	0000	110	000	000	001001
09	18 30 01	00011	0000	011	000	000	000001
0A	10 60 10	00010	0000	110	000	000	010000
0B	00 00 01	00000	0000	000	000	000	000001
0C	10 30 01	00010	0000	011	000	000	000001
0D	20 03 01	00100	0000	000	001	100	000001
0E	00 53 41	00000	0000	101	001	101	000001
0F	00 00 CB	00000	0000	000	000	011	001011
10	28 04 01	00101	0000	000	010	000	000001
11	10 30 01	00010	0000	011	000	000	000001
12	06 B2 01	00000	1101	011	001	000	000001
13	00 26 14	00000	0000	010	011	000	010100
14	05 B2 01	00000	1011	011	001	000	000001
15	00 26 16	00000	0000	010	011	000	010110
16	01 B2 01	00000	0011	011	001	000	000001
17	00 26 18	00000	0000	010	011	000	011000
18	02 B2 01	00000	0101	011	001	000	000001
1B	00 53 41	00000	0000	101	001	101	000001
1C	10 10 1D	00010	0000	001	000	000	011101
1D	10 60 8C	00010	0000	110	000	010	001100
1E	10 60 1F	00010	0000	110	000	000	011111
1F	10 10 20	00010	0000	001	000	000	100000
20	10 60 8C	00010	0000	110	000	010	001100
28	10 10 29	00010	0000	001	000	000	101001
29	00 28 2A	00000	0000	010	100	000	101010
2A	04 E2 2B	00000	1001	110	001	000	101011
2B	04 92 8C	00000	1001	001	001	010	001100
2C	10 10 2D	00010	0000	001	000	000	101101
2D	00 2C 2E	00000	0000	010	110	000	101110

地址	十六进制表示	高五位	S3…S0	A 字段	B 字段	C 字段	UA5…UA0
2E	04 E2 2F	00000	1001	110	001	000	101111
2F	04 92 8C	00000	1001	001	001	010	001100
30	00 16 04	00000	0000	001	011	000	000100
31	00 16 06	00000	0000	001	011	000	000110
32	00 6D 48	00000	0000	110	110	101	001000
33	00 6D 4A	00000	0000	110	110	101	001010
34	00 34 01	00000	0000	011	010	000	000001
35	00 00 35	00000	0000	000	000	000	110101
36	00 6D 51	00000	0000	110	110	101	010001
37	00 16 12	00000	0000	001	011	000	010010
38	00 16 13	00000	0000	001	011	000	010011
39	00 16 15	00000	0000	001	011	000	010101
3A	00 16 17	00000	0000	001	011	000	010111
3B	00 00 01	00000	0000	000	000	000	000001
3C	00 6D 5C	00000	0000	110	110	101	011100
3D	00 6D 5E	00000	0000	110	110	101	011110
3E	00 6D 68	00000	0000	110	110	101	101000
3F	00 6D 6C	00000	0000	110	110	101	101100

根据现有指令,在模型机上实现以下运算:从 IN 单元读入一个数据,根据读入数据的低 4 位值 X,求 $1+2+\cdots+X$ 的累加和,01H 到 0FH 共 15 个数据存于 60H 到 6EH 单元。

根据要求可以得到如下程序,地址和内容均为二进制数。

地址	内容	助记符	说明
00000000	00100000	; START: IN R0,00H	从 IN 单元读入计数初值
00000001	00000000		
00000010	01100001	; LDI R1,0FH	立即数 0FH 送 R1
00000011	00001111		
00000100	00010100	; AND R0,R1	得到 R0 低四位
00000101	01100001	; LDI R1,00H	装入和初值 00H
00000110	00000000		
00000111	11110000	; BZC RESULT	计数值为 0 则跳转
00001000	00010110		
00001001	01100010	; LDI R2,60H	读入数据始地址
00001010	01100000		
00001011	11001011	; LOOP: LAD R3,[RI],00H	从 MEM 读入数据送 R3,变址寻址,偏移量为 00H

00001100	00000000		
00001101	00001101	; ADD R1,R3	累加求和
00001110	01110010	; INC RI	变址寄存加1,指向下一数据
00001111	01100011	; LDI R3,01H	装入比较值
00010000	00000001		
00010001	10001100	; SUB R0,R3	
00010010	11110000	; BZC RESULT	相减为0,表示求和完毕
00010011	00010110		
00010100	11100000	; JMP LOOP	未完则继续
00010101	00001011		
00010110	11010001	; RESULT: STA 70H,R1	和存于 MEM 的 70H 单元
00010111	01110000		
00011000	00110100	; OUT 40H,R1	和在 OUT 单元显示
00011001	01000000		
00011010	11100000	; JMP START	跳转至 START
00011011	00000000		
00011100	01010000	; HLT	停机
01100000	00000001	;数据	
01100001	00000010		
01100010	00000011		
01100011	00000100		
01100100	00000101		
01100101	00000110		
01100110	00000111		
01100111	00001000		
01101000	00001001		
01101001	00001010		
01101010	00001011		
01101011	00001100		
01101100	00001101		
01101101	00001110		
01101110	00001111		

5 实验步骤

1.连接线路

按图 3-14 连接实验线路,仔细检查接线后打开实验箱电源。

2.写入实验程序,并进行校验

写入实验程序分两种方式:手动写入和联机写入。

1)手动写入和校验

Ⅰ.手动写入微程序

(1)将时序与操作台单元的开关 KK1 置为"停止"挡,KK3 置为"编程"挡,KK4 置为"控存"挡,KK5 置为"置数"挡。

(2)使用 CON 单元的 SD05…SD00 给出微地址,IN 单元给出低 8 位应写入的数据,连续两次按动时序与操作台的开关 ST,将 IN 单元的数据写到该单元的低 8 位。

(3)将时序与操作台单元的开关 KK5 置为"加 1"挡。

(4)IN 单元给出中 8 位应写入的数据,连续两次按动时序与操作台的开关 ST,将 IN 单元的数据写到该单元的中 8 位。IN 单元给出高 8 位应写入的数据,连续两次按动时序与操作台的开关 ST,将 IN 单元的数据写到该单元的高 8 位。

(5)重复前四步,将表 3-8 的微代码写入 2816 芯片中。

Ⅱ.手动校验微程序

(1)将时序与操作台单元的开关 KK1 置为"停止"挡,KK3 置为"校验"挡,KK4 置为"控存"挡,KK5 置为"置数"挡。

(2)使用 CON 单元的 SD05…SD00 给出微地址,连续两次按动时序与操作台的开关 ST,MC 单元的指数据指示灯 M7…M0 显示该单元的低 8 位。

(3)将时序与操作台单元的开关 KK5 置为"加 1"挡。

(4)连续两次按动时序与操作台的开关 ST,MC 单元的指数据指示灯 M15…M8 显示该单元的中 8 位,MC 单元的指数据指示灯 M23…M16 显示该单元的高 8 位。

(5)重复前四步,完成对微代码的校验。如果校验出微代码写入错误,重新写入、校验,直至确认微指令的输入无误为止。

Ⅲ.手动写入机器程序

(1)将时序与操作台单元的开关 KK1 置为"停止"挡,KK3 置为"编程"挡,KK4 置为"主存"挡,KK5 置为"置数"挡。

(2)使用 CON 单元的 SD7…SD0 给出地址,IN 单元给出该单元应写入的数据,连续两次按动时序与操作台的开关 ST,将 IN 单元的数据写到该存储器单元。

(3)将时序与操作台单元的开关 KK5 置为"加 1"挡。

(4)IN 单元给出下一地址(地址自动加 1)应写入的数据,连续两次按动时序与操作台的开关 ST,将 IN 单元的数据写到该单元中。然后地址又会自加 1,只需在 IN 单元输入后续地址的数据,连续两次按动时序与操作台的开关 ST,即可完成对该单元的写入。

(5)亦可重复(1)(2)两步,将所有机器指令写入主存芯片中。

Ⅳ.手动校验机器程序

(1)将时序与操作台单元的开关 KK1 置为"停止"挡,KK3 置为"校验"挡,KK4 置为"主存"挡,KK5 置为"置数"挡。

(2)使用 CON 单元的 SD7…SD0 给出地址,连续两次按动时序与操作台的开关 ST,CPU 内总线的指数据指示灯 D7…D0 显示该单元的数据。

(3)将时序与操作台单元的开关 KK5 置为"加 1"挡。

(4)连续两次按动时序与操作台的开关 ST,地址自动加 1,CPU 内总线的指数据指示灯 D7…D0 显示该单元的数据。此后每两次按动时序与操作台的开关 ST,地址自动加 1,CPU

内总线的指数据指示灯 D7…D0 显示该单元的数据,继续进行该操作,直至完成校验,如发现错误,则返回重新写入,然后校验,直至确认输入的所有指令准确无误。

(5)亦可重复(1)(2)两步,完成对指令码的校验。如果校验出指令码写入错误,重新写入、校验,直至确认指令的输入无误为止。

2)联机写入和校验

联机软件提供了微程序和机器程序下载功能,以代替手动读写微程序和机器程序,但是微程序和机器程序得以指定的格式写入到以".TXT"为后缀的文件中。本次实验程序如下,程序中分号";"为注释符,分号后面的内容在下载时将被忽略掉。

```
; // ****************************** //
; //                                  //
; //复杂模型机实验指令文件             //
; //                                  //
; //         By TangDu CO. ,LTD       //
; //                                  //
; // ****************************** //


; // ****** Start Of Main Memory Data ****** //
   $ P 00 20    ; START: IN R0,00H          从 IN 单元读入计数初值
   $ P 01 00
   $ P 02 61    ; LDI  R1,0FH               立即数 0FH 送 R1
   $ P 03 0F
   $ P 04 14    ; AND  R0,R1                得到 R0 低四位
   $ P 05 61    ; LDI  R1,00H               装入和初值 00H
   $ P 06 00
   $ P 07 F0    ; BZC  RESULT               计数值为 0 则跳转
   $ P 08 16
   $ P 09 62    ; LDI  R2,60H               读入数据始地址
   $ P 0A 60
   $ P 0B CB    ; LOOP: LAD R3,[RI],00H     从 MEM 读入数据送 R3,
                                            变址寻址,偏移量为 00H

   $ P 0C 00
   $ P 0D 0D    ; ADD  R1,R3                累加求和
   $ P 0E 72    ; INC  RI                   变址寄存加 1,指向下一数据
   $ P 0F 63    ; LDI  R3,01H               装入比较值
   $ P 10 01
   $ P 11 8C    ; SUB  R0,R3
   $ P 12 F0    ; BZC  RESULT               相减为 0,表示求和完毕
   $ P 13 16
   $ P 14 E0    ; JMP  LOOP                 未完则继续
```

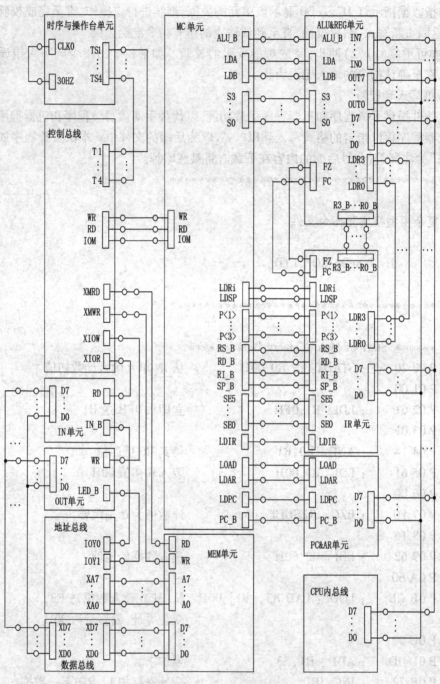

图 3-14　实验接线图

$ P 15 0B

$ P 16 D1　　; RESULT：STA　70H，R1　　和存于 MEM 的 70H 单元

$ P 17 70

$ P 18 34　　; OUT　40H，R1　　　　和在 OUT 单元显示

$ P 19 40

```
$ P 1A E0     ; JMP START            跳转至 START
$ P 1B 00
$ P 1C 50     ; HLT                  停机

$ P 60 01     ;数据
$ P 61 02
$ P 62 03
$ P 63 04
$ P 64 05
$ P 65 06
$ P 66 07
$ P 67 08
$ P 68 09
$ P 69 0A
$ P 6A 0B
$ P 6B 0C
$ P 6C 0D
$ P 6D 0E
$ P 6E 0F
; // ***** End Of Main Memory Data ***** //

; // ** Start Of MicroController Data ** //
$ M 00 000001     ; NOP
$ M 01 006D43     ; PC - > AR, PC 加 1
$ M 03 107070     ; MEM - > IR, P < 1 >
$ M 04 002405     ; RS - > B
$ M 05 04B201     ; A 加 B - > RD
$ M 06 002407     ; RS - > B
$ M 07 013201     ; A 与 B - > RD
$ M 08 106009     ; MEM - > AR
$ M 09 183001     ; IO - > RD
$ M 0A 106010     ; MEM - > AR
$ M 0B 000001     ; NOP
$ M 0C 103001     ; MEM - > RD
$ M 0D 200301     ; RD - > MEM
$ M 0E 005341     ; A - > PC
$ M 0F 0000CB     ; NOP, P < 3 >
$ M 10 280401     ; RS - > IO
$ M 11 103001     ; MEM - > RD
```

```
$ M 12 06B201      ; A 加 1 - > RD
$ M 13 002614      ; RS - > B
$ M 14 05B201      ; A 减 B - > RD
$ M 15 002616      ; RS - > B
$ M 16 01B201      ; A 或 B - > RD
$ M 17 002618      ; RS - > B
$ M 18 02B201      ; A 右环移 - > RD
$ M 1B 005341      ; A - > PC
$ M 1C 10101D      ; MEM - > A
$ M 1D 10608C      ; MEM - > AR, P < 2 >
$ M 1E 10601F      ; MEM - > AR
$ M 1F 101020      ; MEM - > A
$ M 20 10608C      ; MEM - > AR, P < 2 >
$ M 28 101029      ; MEM - > A
$ M 29 00282A      ; RI - > B
$ M 2A 04E22B      ; A 加 B - > AR
$ M 2B 04928C      ; A 加 B - > A, P < 2 >
$ M 2C 10102D      ; MEM - > A
$ M 2D 002C2E      ; PC - > B
$ M 2E 04E22F      ; A 加 B - > AR
$ M 2F 04928C      ; A 加 B - > A, P < 2 >
$ M 30 001604      ; RD - > A
$ M 31 001606      ; RD - > A
$ M 32 006D48      ; PC - > AR, PC 加 1
$ M 33 006D4A      ; PC - > AR, PC 加 1
$ M 34 003401      ; RS - > RD
$ M 35 000035      ; NOP
$ M 36 006D51      ; PC - > AR, PC 加 1
$ M 37 001612      ; RD - > A
$ M 38 001613      ; RD - > A
$ M 39 001615      ; RD - > A
$ M 3A 001617      ; RD - > A
$ M 3B 000001      ; NOP
$ M 3C 006D5C      ; PC - > AR, PC 加 1
$ M 3D 006D5E      ; PC - > AR, PC 加 1
$ M 3E 006D68      ; PC - > AR, PC 加 1
$ M 3F 006D6C      ; PC - > AR, PC 加 1
; // ** End Of MicroController Data ** //
```

选择联机软件的【转储】/【装载】功能,在"打开文件"对话框中选择上面所保存的文件,软件自动将机器程序和微程序写入指定单元。

选择联机软件的【转储】/【刷新指令区】,可以读出下位机所有的机器指令和微指令,并在指令区显示,对照文件检查微程序和机器程序是否正确,如果不正确,则说明写入操作失败,应重新写入,可以通过联机软件单独修改某个单元的指令,以修改微指令为例,先用鼠标左键单击指令区的"微存"Tab 按钮,然后再单击需修改单元的数据,此时该单元变为编辑框,输入6位数据并按 Enter 键,编辑框消失,并以红色显示写入的数据。

3. 运行程序

运行程序有两种运行方式:本机运行和联机运行。

1)本机运行

将时序与操作台单元的开关 KK1、KK3 置为"运行"挡,按动 CON 单元的总清按钮 CLR,将使程序计数器 PC、地址寄存器 AR 和微程序地址为 00H,程序可以从头开始运行,暂存器 A、暂存器 B、指令寄存器 IR 和 OUT 单元也会被清零。

将时序与操作台单元的开关 KK2 置为"单步"挡,每按动一次 ST 按钮,即可单步运行一条微指令,对照微程序流程图,观察微地址显示灯是否和流程一致。每运行完一条微指令,观测一次数据总线和地址总线,对照数据通路图,分析总线上的数据是否正确。

当模型机执行完 OUT 指令后,检查 OUT 单元显示的数是否正确,按下 CON 单元的总清按钮 CLR,改变 IN 单元的值,再次执行机器程序,从 OUT 单元显示的数判别程序执行是否正确。

2)联机运行

进入软件界面,选择菜单命令【实验】/【复杂模型机】,打开复杂模型机实验数据通路图,选择相应的功能命令,即可联机运行、监控、调试程序。

按动 CON 单元的总清按钮 CLR,然后通过软件运行程序,当模型机执行完 OUT 指令后,检查 OUT 单元显示的数是否正确。在数据通路图和微程序流程图中观测指令的执行过程,并观测软件中地址总线、数据总线以及微指令显示和下位机是否一致。

实验四 带中断处理能力的模型机设计实验

1 实验目的

(1)掌握中断原理及其响应流程。
(2)掌握 8259 中断控制器原理及其应用编程。

2 实验设备

PC 机一台,TD - CMA 实验系统一套。

3 实验原理

8259 的引脚分配如图 3-15 所示。

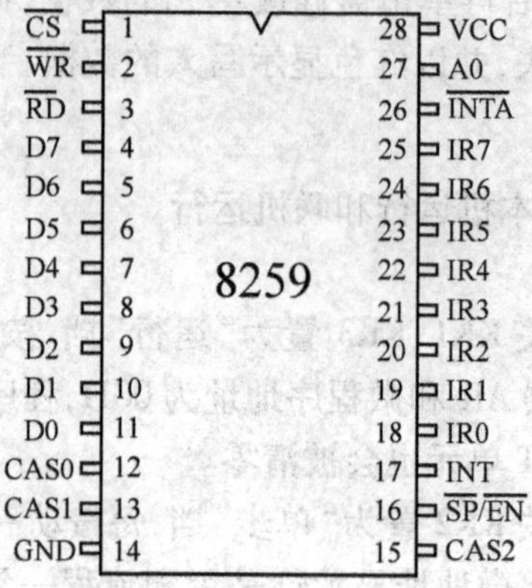

图 3-15　8259 芯片引脚说明

8259 芯片引脚说明如下。

· D7 ~ D0：双向三态数据线。

· $\overline{CS}$：片选信号线。

· A0：用来选择芯片内部不同的寄存器，通常接至地址总线的 A0。

· $\overline{RD}$：读信号线，低电平有效，其有效时控制信息从 8259 读至 CPU。

· $\overline{WR}$：写信号线，低电平有效，其有效时控制信息从 CPU 写入 8259。

· $\overline{SP}$/EN：从程序/允许缓冲。

· $\overline{INTA}$：中断响应输入。

· INT：中断输出。

· IR0 ~ IR7：8 条外界中断请求输入线。

· CAS0 ~ CAS2：级连信号线。

$\overline{CS}$、A0、$\overline{RD}$、$\overline{WR}$、D4、D3 位的电平与 8259 操作关系如表 3-9 所示。

表 3-9　8259 的读/写操作

A0	D4	D3	$\overline{RD}$	$\overline{WR}$	$\overline{CS}$	操作
						输入操作（读）
0			0	1	0	IRR,ISR 或中断级别→数据总线
1			0	1	0	IMR 数据总线
						输出操作（写）
0	0	0	1	0	0	数据总线→OCW2
0	0	1	1	0	0	数据总线→OCW3
0	1	×	1	0	0	数据总线→OCW1
1	×	×	1	0	0	数据总线→ICW1,ICW2,ICW3,ICW4
						断开功能
×	×	×	1	1	0	数据总线→三态（无操作）
×	×	×	×	×	1	数据总线→三态（无操作）

CPU 必须有一个中断使能寄存器,并且可以通过指令对该寄存器进行操作,其原理如图 3-16 所示。CPU 开中断指令 STI 对其置 1,而 CPU 关中断指令 CLI 对其置 0。

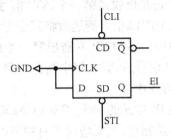

图 3-16　中断使能寄存器原理图

8259 的数据线 D7...D0 挂接到数据总线,地址线 A0 挂接到地址总线的 A0 上,片选信号线 $\overline{CS}$ 接控制总线的 IOY3,IOY3 由地址总线的高 2 位译码产生,其地址分配见表 3-10,$\overline{RD}$、$\overline{WR}$(实验箱上丝印为 XIOR 和 XIOW)接 CPU 给出的读写信号,8259 和系统的连接如图 3-17 所示。

表 3-10　I/O 地址空间分配

A7 A6	选定	地址空间
00	IOY0	00 ~ 3F
01	IOY1	40 ~ 7F
10	IOY2	80 ~ BF
11	IOY3	C0 ~ FF

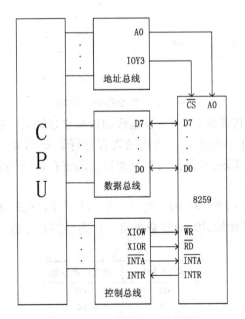

图 3-17　8259 和 CPU 连接图

　　本实验要求设计的模型计算机具备类 X86 的中断功能,当外部中断请求有效、CPU 允许中断,且在一条指令执行完时,CPU 将响应中断。当 CPU 响应中断时,将会向 8259 发送两个连续的$\overline{\text{INTA}}$信号。请注意,8259 是在接收到第一个$\overline{\text{INTA}}$信号后锁住向 CPU 的中断请求信号 INTR(高电平有效),并且在第二个$\overline{\text{INTA}}$信号到达后将其变为低电平(自动 EOI 方式),所以中断请求信号 IR0 应该维持一段时间,直到 CPU 发送出第一个$\overline{\text{INTA}}$信号,这才是一个有效的中断请求。8259 在收到第二个$\overline{\text{INTA}}$信号后,就会将中断向量号发送到数据总线,CPU 读取中断向量号,并转入相应的中断处理程序中。

　　本系统的指令译码电路是在 IR 单元的 INS_DEC(GAL20V8)中实现,如图 3-18 所示。与前面复杂模型机实验指令译码电路相比,主要增加了对中断的支持,当 INTR(有中断请求)和 EI(CPU 允许中断)均为 1,且 P < 4 > 测试有效时,则在 T4 节拍时,微程序就会产生中断响应分支,从而使得 CPU 能响应中断。

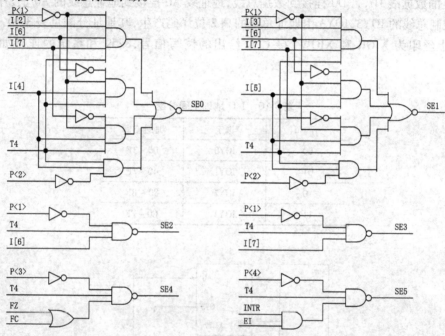

图 3-18　指令译码原理图

　　在中断过程中需要有现场保护,而且在编程的过程中也需要一些压栈或弹栈操作,所以还需设置一个堆栈,由 R3 作堆栈指针。系统的寄存器译码电路如图 3-19 所示,在 IR 单元的 REG_DEC(GAL16V8)中实现,和前面复杂模型机实验寄存器译码电路相比,增加一个或门和一个与门,用以支持堆栈操作。

　　本模型机共设计 16 条指令,表 3-11 列出了基本指令的格式、助记符及其功能。其中,D 为立即数,P 为外设的端口地址,RS 为源寄存器,RD 为目的寄存器,并规定如下。

RS 或 RD	选定的寄存器
00	R0
01	R1
10	R2
11	R3

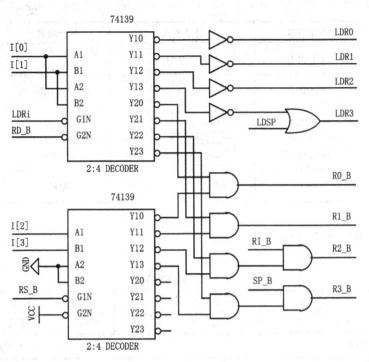

图 3-19　寄存器译码原理图

表 3-11　指令助记符、格式及功能

助记符号	指令格式				指令功能
MOV RD,RS	0100	RS		RD	RS→RD
ADD RD,RS	0000	RS		RD	RD + RS→RD
AND RD,RS	0001	RS		RD	RD∧RS→RD
STI	0111	* *		* *	CPU 开中断
CLI	1000	* *		* *	CPU 关中断
PUSH RS	1001	RS		* *	RS→堆栈
POP RD	1010	* *		RD	堆栈→RD
IRET	1011	* *		* *	中断返回
LAD M D,RD	1100	M	RD	D	E→RD
STA M D,RS	1101	M	RD	D	RD→E
JMP M D	1110	M	* *	D	E→PC

助记符号	指令格式				指令功能
BZC M D	1111	M	* *	D	当 FC 或 FZ = 1 时，E→PC
IN RD,P	0010	* *	RD	P	[P]→RD
OUT P,RS	0011	RS	* *	P	RS→[P]
HDI RD,D	0110	* *	RD	D	D→RD
HLT	0101	* *		* *	停机

（1）设定微指令格式，如表 3-12 所示。

表 3-12 微指令格式

23	22	21	20	19	18 ~ 15	14 ~ 12	11 ~ 9	8 ~ 6	5 ~ 0
M23	INTA	WR	RD	IOM	S3...S0	A 字段	B 字段	C 字段	MA5...MA0

A 字段				B 字段				C 字段			
14	13	12	选择	11	10	9	选择	8	7	6	选择
0	0	0	NOP	0	0	0	NOP	0	0	0	NOP
0	0	1	LDA	0	0	1	ALU _ B	0	0	1	P < 1 >
0	1	0	LDB	0	1	0	RS _ B	0	1	0	P < 2 >
0	1	1	LDRi	0	1	1	RD _ B	0	1	1	P < 3 >
1	0	0	LDSP	1	0	0	RI _ B	1	0	0	P < 4 >
1	0	1	LOAD	1	0	1	SP _ B	1	0	1	LDPC
1	1	0	LDAR	1	1	0	PC _ B	1	1	0	STI
1	1	1	LDIR	1	1	1	保留	1	1	1	CLI

（2）根据指令系统要求，设计微程序流程及确定微地址，并得到微程序流程图，如图 3-20 所示。

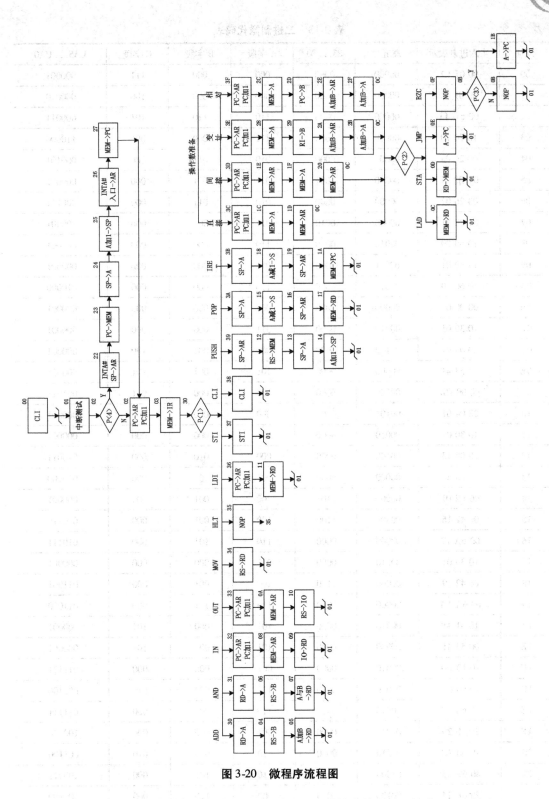

109

图 3-20　微程序流程图

参照微程序流程图,将每条微指令代码化,译成二进制微代码表,如表3-13所示。

表 3-13　二进制微代码表

地址	十六进制表示	高五位	S3...S0	A 字段	B 字段	C 字段	UA5...UA0
00	00 01 C1	00000	0000	000	000	111	000001
01	00 01 02	00000	0000	000	000	100	000010
02	00 6D 43	00000	0000	110	110	101	000011
03	10 70 70	00010	0000	111	000	001	110000
04	00 26 05	00000	0000	010	011	000	000101
05	04 B2 01	00000	1001	011	001	000	000001
06	00 26 07	00000	0000	010	011	000	000111
07	01 32 01	00000	0010	011	001	000	000001
08	10 60 09	00010	0000	110	000	000	001001
09	18 30 01	00011	0000	011	000	000	000001
0A	10 60 10	00010	0000	110	000	000	010000
0B	00 00 01	00000	0000	000	000	000	000001
0C	10 30 01	00010	0000	011	000	000	000001
0D	20 03 01	00100	0000	000	001	100	000001
0E	00 53 41	00000	0000	101	001	101	000001
0F	00 00 CB	00000	0000	000	000	011	001011
10	28 04 01	00101	0000	000	010	000	000001
11	10 30 01	00010	0000	011	000	000	000001
12	20 04 13	00100	0000	000	010	000	010011
13	00 1A 14	00000	0000	001	101	000	010100
14	06 C2 01	00000	1101	100	001	000	000001
15	06 42 16	00000	1100	100	001	000	010110
16	00 6A 17	00000	0000	110	101	000	010111
17	10 30 01	00010	0000	011	000	000	000001
18	06 42 19	00000	1100	100	001	000	011001
19	00 6A 1A	00000	0000	110	101	000	011010
1A	10 51 41	00010	0000	101	000	101	000001
1B	00 53 41	00000	0000	101	001	101	000001
1C	10 10 1D	00010	0000	001	000	000	011101
1D	10 60 8C	00010	0000	110	000	010	001100
1E	10 60 1F	00010	0000	110	000	000	011111
1F	10 10 20	00010	0000	001	000	000	100000
20	10 60 8C	00010	0000	110	000	010	001100
22	40 6A 23	01000	0000	110	101	000	100011
23	20 0C 24	00100	0000	000	110	000	100100
24	00 1A 25	00000	0000	001	101	000	100101

地址	十六进制表示	高五位	S3…S0	A 字段	B 字段	C 字段	UA5…UA0
25	06 C2 26	00000	1101	100	001	000	100110
26	40 60 27	01000	0000	110	000	000	100111
27	10 51 42	00010	0000	101	000	101	000010
28	10 10 29	00010	0000	001	000	000	101001
29	00 28 2A	00000	0000	010	100	000	101010
2A	04 E2 2B	00000	1001	110	001	000	101011
2B	04 92 8C	00000	1001	001	001	010	001100
2C	10 10 2D	00010	0000	001	000	000	101101
2D	00 2C 2E	00000	0000	010	110	000	101110
2E	04 E2 2F	00000	1001	110	001	000	101111
2F	04 92 8C	00000	1001	001	001	010	001100
30	00 14 04	00000	0000	001	010	000	000100
31	00 14 06	00000	0000	001	010	000	000110
32	00 6D 48	00000	0000	110	110	101	001000
33	00 6D 4A	00000	0000	110	110	101	001010
34	00 34 01	00000	0000	011	010	000	000001
35	00 00 35	00000	0000	000	000	000	110101
36	00 6D 51	00000	0000	110	110	101	010001
37	00 01 81	00000	0000	000	000	110	000001
38	00 01 C1	00000	0000	000	000	111	000001
39	00 6A 12	00000	0000	110	101	000	010010
3A	00 1A 15	00000	0000	001	101	000	010101
3B	00 1A 18	00000	0000	001	101	000	011000
3C	00 6D 5C	00000	0000	110	110	101	011100
3D	00 6D 5E	00000	0000	110	110	101	011110
3E	00 6D 68	00000	0000	110	110	101	101000
3F	00 6D 6C	00000	0000	110	110	101	101100

根据现有指令,编写一段程序,在模型机上实现以下功能:从 IN 单元读入一个数据 X 存于寄存器 R0,CPU 每响应一次中断,对 R0 中的数据加 1,并输出到 OUT 单元。

根据要求可以得到如下程序,地址和内容均为二进制数。

地　址	内　容	助记符		说　明
00000000	01100000	; LDI	R0,13H	将立即数 13 装入 R0
00000001	00010011			
00000010	00110000	; OUT	C0H,R0	将 R0 中的内容写入端口 C0 中,即写
00000011	11000000	;		ICW1,边沿触发,单片模式,需 ICW4

00000100	01100000 ; LDI	R0,30H	将立即数 30 装入 R0
00000101	00110000		
00000110	00110000 ; OUT	C1H,R0	将 R0 中的内容写入端口 C1 中,即写
00000111	11000001 ;		ICW2,中断向量为 30 – 37
00001000	01100000 ; LDI	R0,03H	将立即数 03 装入 R0
00001001	00000011		
00001010	00110000 ;	OUT C1H,R0	将 R0 中的内容写入端口 C1 中,即写
00001011	11000001 ;		ICW4,非缓冲,86 模式,自动 EOI
00001100	01100000 ;	LDI R0,FEH	将立即数 FE 装入 R0
00001101	11111110		
00001110	00110000 ;	OUT C1H,R0	将 R0 中的内容写入端口 C1 中,即写
00001111	11000001 ;		OCW1,只允许 IR0 请求
00010000	01100011 ;	LDI SP,A0H	初始化堆栈指针为 A0
00010001	10100000		
00010010	01110000 ;	STI	CPU 开中断
00010011	00100000 ;	IN R0,00H	从端口 00(IN 单元)读入计数初值
00010100	00000000		
00010101	01000001 ;	LOOP:MOV R1,R0	移动数据,并等待中断
00010110	11100000 ;	JMP LOOP	跳转,并等待中断
00010111	00010101		

以下为中断服务程序。

00100000	0000000080 ;	CLI	CPU 关中断
00100001	0000000061 ;	LDI R1,01H	将立即数 01 装入 R1
00100010	0000000001		
00100011	0000000004 ;	ADD R0,R1	将 R0 和 R1 相加,即计数值加 1
00100100	0000000030 ;	OUT 40H,R0	将计数值输出到端口 40(OUT 单元)
00100101	0000000040		
00100110	0000000070 ;	STI	CPU 开中断
00100111	00000000B0 ;	IRET	中断返回
00110000	0000000020 ;		IR0 的中断入口地址 20

4 实验步骤

1. 连接线路

按图 3-21 所示连接实验线路,仔细检查接线后打开实验箱电源。

2. 写入实验程序,并进行校验

写入实验程序分两种方式,手动写入和联机写入。

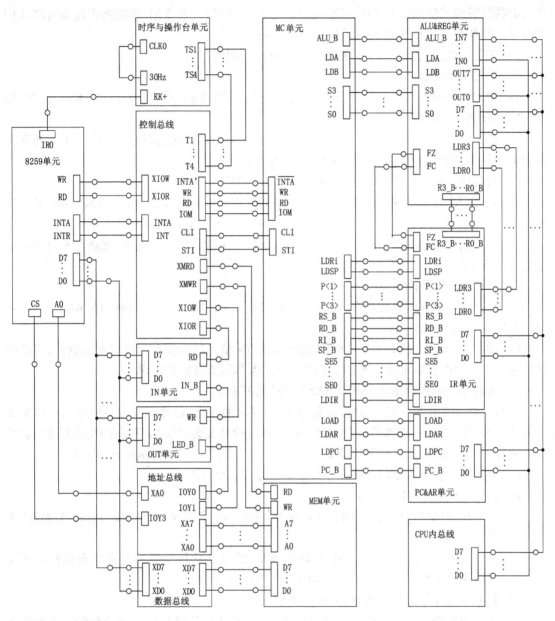

图 3-21　实验接线图

1）手动写入和校验

Ⅰ.手动写入微程序

（1）将时序与操作台单元的开关 KK1 置为"停止"挡,KK3 置为"编程"挡,KK4 置为"控存"挡,KK5 置为"置数"挡。

（2）使用 CON 单元的 SD05...SD00 给出微地址,IN 单元给出低 8 位应写入的数据,连续两次按动时序与操作台单元的开关 ST,将 IN 单元的数据写到该单元的低 8 位。

（3）将时序与操作台单元的开关 KK5 置为"加 1"挡。

（4）IN 单元给出中 8 位应写入的数据,连续两次按动时序与操作台单元的开关 ST,将 IN

单元的数据写到该单元的中 8 位。IN 单元给出高 8 位应写入的数据,连续两次按动时序与操作台单元的开关 ST,将 IN 单元的数据写到该单元的高 8 位。

(5)重复前四步,将表 3-13 的微代码写入 2816 芯片中。

Ⅱ. 手动校验微程序

(1)将时序与操作台单元的开关 KK1 置为"停止"挡,KK3 置为"校验"挡,KK4 置为"控存"挡,KK5 置为"置数"挡。

(2)使用 CON 单元的 SD05…SD00 给出微地址,连续两次按动时序与操作台单元的开关 ST,MC 单元的指数据指示灯 M7…M0 显示该单元的低 8 位。

(3)将时序与操作台单元的开关 KK5 置为"加 1"挡。

(4)连续两次按动时序与操作台的开关 ST,MC 单元的指数据指示灯 M15…M8 显示该单元的中 8 位,MC 单元的指数据指示灯 M23…M16 显示该单元的高 8 位。

(5)重复前四步,完成对微代码的校验。如果校验出微代码写入错误,重新写入、校验,直至确认微指令的输入无误为止。

Ⅲ. 手动写入机器程序

(1)将时序与操作台单元的开关 KK1 置为"停止"挡,KK3 置为"编程"挡,KK4 置为"主存"挡,KK5 置为"置数"挡。

(2)使用 CON 单元的 SD07…SD00 给出地址,IN 单元给出该单元应写入的数据,连续两次按动时序与操作台单元的开关 ST,将 IN 单元的数据写到该存储器单元。

(3)将时序与操作台单元的开关 KK5 置为"加 1"挡。

(4)IN 单元给出下一地址(地址自动加 1)应写入的数据,连续两次按动时序与操作台单元的开关 ST,将 IN 单元的数据写到该单元中。然后地址又会自加 1,只需在 IN 单元输入后续地址的数据,连续两次按动时序与操作台单元的开关 ST,即可完成对该单元的写入。

(5)亦可重复(1)(2)两步,将所有机器指令写入主存芯片中。

Ⅳ. 手动校验机器程序

(1)将时序与操作台单元的开关 KK1 置为"停止"挡,KK3 置为"校验"挡,KK4 置为"主存"KK5 置为"置数"挡。

(2)使用 CON 单元的 SD07…SD00 给出地址,连续两次按动时序与操作台操作的开关 ST,CPU 内总线的指数据指示灯 D7…D0 显示该单元的数据。

(3)将时序与操作台单元的开关 KK5 置为"加 1"挡。

(4)连续两次按动时序与操作台单元的开关 ST,地址自动加 1,CPU 内总线的指数据指示灯 D7…D0 显示该单元的数据。此后每两次按动时序与操作台单元的开关 ST,地址自动加 1,CPU 内总线的指数据指示灯 D7…D0 显示该单元的数据,继续进行该操作,直至完成校验,如发现错误,则返回写入,然后校验,直至确认输入的所有指令准确无误。

(5)亦可重复(1)(2)两步,完成对指令码的校验。如果校验出指令码写入错误,重新写入、校验,直至确认指令的输入无误为止。

2)联机写入和校验

联机软件提供了微程序和机器程序下载功能,以代替手动读写微程序和机器程序,但是微程序和机器程序要以指定的格式写入以".TXT"为后缀的文件中。本次实验程序如下,程序中分号";"为注释符,分号后面的内容在下载时将被忽略掉。

```
; // ****************************************** //
; //                                           //
; //带中断处理能力的模型机实验指令文件          //
; //                                           //
; //      By TangDu CO. ,LTD                   //
; //                                           //
; // ****************************************** //
```

; // ***** Start Of Main Memory Data ***** //

$ P 00 60	; LDI　R0,13H	将立即数 13 装入 R0
$ P 01 13		
$ P 02 30	; OUT　C0H,R0	将 R0 中的内容写入端口 C0 中,即写
$ P 03 C0	;	ICW1,边沿触发,单片模式,需要 ICW4
$ P 04 60	; LDI　R0,30H	将立即数 30 装入 R0
$ P 05 30		
$ P 06 30	; OUT　C1H,R0	将 R0 中的内容写入端口 C1 中,即写
$ P 07 C1	;	ICW2,中断向量为 30～37
$ P 08 60	; LDI　R0,03H	将立即数 03 装入 R0
$ P 09 03		
$ P 0A 30	; OUT　C1H,R0	将 R0 中的内容写入端口 C1 中,即写
$ P 0B C1	;	ICW4,非缓冲,86 模式,自动 EOI
$ P 0C 60	; LDI　R0,FEH	将立即数 FE 装入 R0
$ P 0D FE		
$ P 0E 30	; OUT　C1H,R0	将 R0 中的内容写入端口 C1 中,即写
$ P 0F C1	;	OCW1,只允许 IR0 请求
$ P 10 63	; LDI　SP,A0H	初始化堆栈指针为 A0
$ P 11 A0		
$ P 12 70	; STI	CPU 开中断
$ P 13 20	; IN　R0,00H	从端口 00(IN 单元)读入计数初值
$ P 14 00		
$ P 15 41	; LOOP:MOV R1,R0	移动数据,并等待中断
$ P 16 E0	; JMP　LOOP	跳转,并等待中断
$ P 17 15		

;以下为中断服务程序:

$ P 20 80	; CLI	CPU 关中断
$ P 21 61	; LDI	R1,01H 将立即数 01 装入 R1
$ P 22 01		
$ P 23 04	; ADD　R0,R1	将 R0 和 R1 相加,即计数值加 1

115

```
    $ P 24 30   ; OUT   40H,R0        将计数值输出到端口40(OUT 单元)
    $ P 25 40
    $ P 26 70   ; STI               CPU 开中断
    $ P 27 B0   ; IRET              中断返回
    $ P 30 20   ;                   IR0 的中断入口地址20
; // ***** End Of Main Memory Data ***** //


; // ** Start Of MicroController Data ** //
    $ M 00 0001C1     ; NOP
    $ M 01 000102     ;中断测试,P < 4 >
    $ M 02 006D43     ; PC – > AR, PC 加 1
    $ M 03 107070     ; MEM – > IR, P < 1 >
    $ M 04 002605     ; RS – > B
    $ M 05 04B201     ; A 加 B – > RD
    $ M 06 002607     ; RS – > B
    $ M 07 013201     ; A 与 B – > RD
    $ M 08 106009     ; MEM – > AR
    $ M 09 183001     ; IO – > RD
    $ M 0A 106010     ; MEM – > AR
    $ M 0B 000001     ; NOP
    $ M 0C 103001     ; MEM – > RD
    $ M 0D 200301     ; RD – > MEM
    $ M 0E 005341     ; A – > PC
    $ M 0F 0000CB     ; NOP, P < 3 >
    $ M 10 280401     ; RS – > IO
    $ M 11 103001     ; MEM – > RD
    $ M 12 200413     ; RS – > MEM
    $ M 13 001A14     ; SP – > A
    $ M 14 06C201     ; A 加 1 – > SP
    $ M 15 064216     ; A 减 1 – > SP
    $ M 16 006A17     ; SP – > AR
    $ M 17 103001     ; MEM – > RD
    $ M 18 064219     ; A 减 1 – > SP
    $ M 19 006A1A     ; SP – > AR
    $ M 1A 105141     ; MEM – > PC
    $ M 1B 005341     ; A – > PC
    $ M 1C 10101D     ; MEM – > A
    $ M 1D 10608C     ; MEM – > AR, P < 2 >
    $ M 1E 10601F     ; MEM – > AR
```

```
$ M 1F 101020      ; MEM – > A
$ M 20 10608C      ; MEM – > AR, P < 2 >
$ M 22 406A23      ; INTA#, SP – > AR
$ M 23 200C24      ; PC – > MEM
$ M 24 001A25      ; SP – > A
$ M 25 06C226      ; A 加 1 – > SP
$ M 26 406027      ; INTA#,入口 – > AR
$ M 27 105142      ; MEM – > PC
$ M 28 101029      ; MEM – > A
$ M 29 00282A      ; RI – > B
$ M 2A 04E22B      ; A 加 B – > AR
$ M 2B 04928C      ; A 加 B – > A, P < 2 >
$ M 2C 10102D      ; MEM – > A
$ M 2D 002C2E      ; PC – > B
$ M 2E 04E22F      ; A 加 B – > AR
$ M 2F 04928C      ; A 加 B – > A, P < 2 >
$ M 30 001404      ; RD – > A
$ M 31 001406      ; RD – > A
$ M 32 006D48      ; PC – > AR, PC 加 1
$ M 33 006D4A      ; PC – > AR, PC 加 1
$ M 34 003401      ; RS – > RD
$ M 35 000035      ; NOP
$ M 36 006D51      ; PC – > AR, PC 加 1
$ M 37 000181      ; STI
$ M 38 0001C1      ; CLI
$ M 39 006A12      ; SP – > AR
$ M 3A 001A15      ; SP – > A
$ M 3B 001A18      ; SP – > A
$ M 3C 006D5C      ; PC – > AR, PC 加 1
$ M 3D 006D5E      ; PC – > AR, PC 加 1
$ M 3E 006D68      ; PC – > AR, PC 加 1
$ M 3F 006D6C      ; PC – > AR, PC 加 1
; // ** End Of MicroController Data ** //
```

　　选择联机软件的【转储】/【装载】,在"打开文件"对话框中选择上面所保存的文件,软件自动将机器程序和微程序写入指定单元。

　　选择联机软件的【转储】/【刷新指令区】,可以读出下位机所有的机器指令和微指令,并在指令区显示,对照文件检查微程序和机器程序是否正确,如果不正确,则说明写入操作失败,应重新写入。可以通过联机软件单独修改某个单元的指令,以修改微指令为例,先用鼠标左键单击指令区的"微存"Tab 按钮,然后再单击需修改单元的数据,此时该单元变为编辑框,输入6位数据并按 Enter 键,编辑框消失,并以红色显示写入的数据。

3. 运行程序

运行程序有两种方式:本机运行和联机运行。

1)本机运行

将时序与操作台单元的开关 KK1、KK3 置为"运行"挡,按动 CON 单元的总清按钮 CLR,将使程序计数器 PC、地址寄存器 AR 和微程序地址为 00H,程序可以从头开始运行,暂存器 A、暂存器 B、指令寄存器 IR 和 OUT 单元也会被清零。

将时序与操作台单元的开关 KK2 置为"连续"挡,按动一次 ST 按钮,即可连续运行指令,按动 KK 开关,每按动一次,检查 OUT 单元显示的数是否在原有基础加1(第一次是在 IN 单元值的基础加1)。

2)联机运行

进入软件界面,选择菜单命令【实验】/【复杂模型机】,打开复杂模型机实验数据通路图,选择相应的功能命令,即可联机运行、监控、调试程序。

按动 CON 单元的总清按钮 CLR,然后通过软件运行程序,在数据通路图和微程序流中观测程序的执行过程。在微程序流程图中观测:选择"单周期"运行程序,当模型机执行完 MOV 指令后,按下 KK 开关,不要松开,可见控制总线 INTR 指示灯亮,继续"单周期"运行程序,直到模型机的 CPU 向 8259 发送完第一个 INTA,然后松开 KK 开关,INTR 中断请求被 8259 锁存,CPU 响应中断。仔细分析中断响应时现场保护的过程,中断返回时现场恢复的过程。

每响应一次中断,检查 OUT 单元显示的数是否在原有基础加1(第一次是在 IN 单元值的基础加1)。

实验五　带 DMA 控制功能的模型机设计实验

1　实验目的

(1)掌握 CPU 外扩接口芯片的方法。
(2)掌握 8237DMA 控制器原理及其应用编程。

2　实验设备

PC 机一台,TD – CMA 实验系统一套。

3　实验原理

1. 8237 芯片简介

(1)8237 的引脚图如图 3-22 所示。

图 3-22 8237 引脚图

芯片引脚说明如下。

·A0 ~ A3 为双向地址线。

·A4 ~ A7 为三态输出线。

·DB0 ~ DB7 为双向三态数据线。

·IOW 为双向三态低电平有效的 I/O 写控制信号。

·IOR 为双向三态低电平有效的 I/O 读控制信号。

·MEMW 为双向三态低电平有效的存储器写控制信号。

·MEMR 为双向三态低电平有效的存储器读控制信号。

·ADSTB 为地址选通信号。

·AEN 为地址允许信号。

·CS 为片选信号。

·RESET 为复位信号。

·READY 为准备好输入信号。

·HRQ 为保持请求信号。

·HLDA 为保持响应信号。

·DREQ0 ~ DREQ3 为 DMA 请求(通道 0 ~ 3)信号。

·DACK0 ~ DACK3 为 DMA 应答(通道 0 ~ 3)信号。

·CLK 为时钟输入。

·EOP 为过程结束命令线。

(2)8237 的内部结构如图 3-23 所示。

(3)8237 的寄存器定义如图 3-24 所示。

(4)8237 的初始化。使用 DMA 控制器,必须对其进行初始化。8237 的初始化需要按一定的顺序对各寄存器进行写入,初始化顺序如下:

①写主清除命令;

②写地址寄存器;

③写字节计数寄存器;

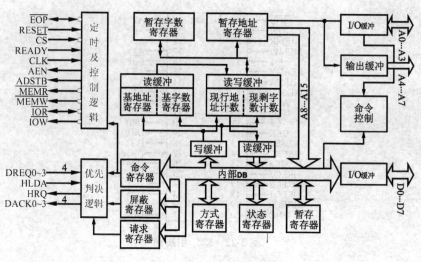

图 3-23   8237 内部结构图

④写工作方式寄存器；

⑤写命令寄存器；

⑥写屏蔽寄存器；

⑦写请求寄存器。

2. 8237 芯片外部连接

对于 CPU 外扩接口芯片，其重点是要设计接口芯片数据线、地址线和控制线与 CPU 的挂接，图 3-25 所示是 8237 接口芯片的典型扩展接法。这里的模型计算机可以直接应用前面的复杂模型机，其 I/O 地址空间分配如表 3-14 所示。

表 3-14   I/O 地址空间分配

A7 A6	选定	地址空间
00	IOY0	00 ~ 3F
01	IOY1	40 ~ 7F
10	IOY2	80 ~ BF
11	IOY3	C0 ~ FF

可以应用复杂模型机指令系统来对外扩的 8237 芯片进行初始化操作。实验箱上 8237 的引脚都以排针形式引出。

应用复杂模型机的指令系统，实现以下功能：对 8237 进行初始化，每次给通道 0 发一次请求信号，8237 将存储器中 40H 单元中的数据以字节传输的方式送至输出单元显示。

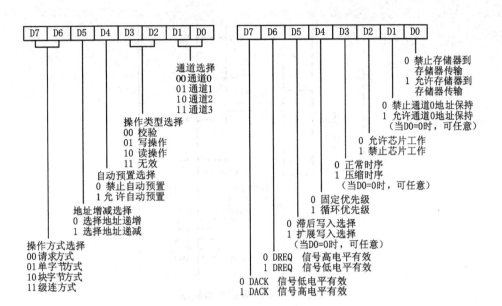

（a）

（b）

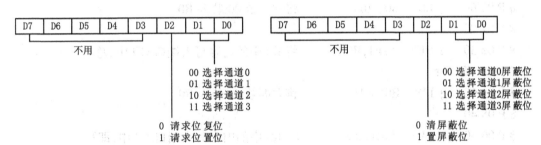

（c）

（d）

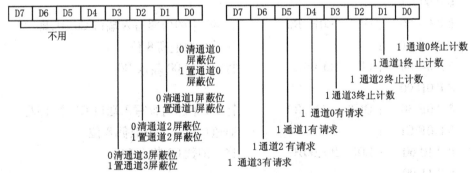

（e）

（f）

图 3-24　8237 的寄存器定义

（a）方式寄存器　（b）命令寄存器　（c）请求寄存器

（d）单通道屏蔽寄存器　（e）多通道寄存器　（f）状态寄存器

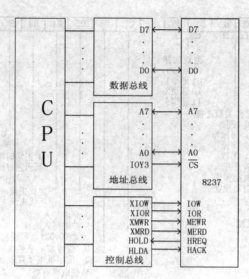

图 3-25　8237 和 CPU 挂接图

根据实验要求编写机器程序如下。

$ P 00 60	; LDI　R0,00H	将立即数 00 装入 R0
$ P 01 00		
$ P 02 30	; OUT　CDH,R0	将 R0 中的内容写入端口 CD 中,总清
$ P 03 CD	;	
$ P 04 60	; LDI　R0,40H	将立即数 40 装入 R0
$ P 05 40		
$ P 06 30	; OUT　C0H,R0	将 R0 中的内容写入端口 C0 中,即写
$ P 07 C0	;	通道 0 地址低 8 位
$ P 08 60	; LDI　R0,00H	将立即数 00 装入 R0
$ P 09 00		
$ P 0A 30	; OUT　C0H,R0	将 R0 中的内容写入端口 C0 中,即写
$ P 0B C0	;	通道 0 地址高 8 位
$ P 0C 60	; LDI　R0,00H	将立即数 00 装入 R0
$ P 0D 00		
$ P 0E 30	; OUT　C1H,R0	将 R0 中的内容写入端口 C1 中,即写
$ P 0F C1	;	通道 0 传送字节数低 8 位
$ P 10 60	; LDI　R0,00H	将立即数 00 装入 R0
$ P 11 00		
$ P 12 30	; OUT　C1H,R0	将 R0 中的内容写入端口 C1 中,即写
$ P 13 C1	;	通道 0 传送字节数高 8 位
$ P 14 60	; LDI　R0,18H	将立即数 18 装入 R0
$ P 15 18		
$ P 16 30	; OUT　CBH,R0	将 R0 中的内容写入端口 CB 中,即写

$ P 17 CB　　;　　　　　　　　　　　通道 0 方式字

$ P 18 60　　; LDI　R0,00H　　　　将立即数 00 装入 R0

$ P 19 00

$ P 1A 30　　; OUT　C8H,R0　　　　将 R0 中的内容写入端口 C8 中,即写

$ P 1B C8　　;　　　　　　　　　　　命令字

$ P 1C 60　　; LDI　R0,0EH　　　　将立即数 0E 装入 R0

$ P 1D 0E

$ P 1E 30　　; OUT　CFH,R0　　　　将 R0 中的内容写入端口 CF 中,即写

$ P 1F CF　　;　　　　　　　　　　　主屏蔽寄存器

$ P 20 60　　; LDI　R0,00H　　　　将立即数 00 装入 R0

$ P 21 00

$ P 22 30　　; OUT　C9H,R0　　　　将 R0 中的内容写入端口 C9 中,即写

$ P 23 C9　　;　　　　　　　　　　　请求字

$ P 24 60　　; LDI　R0,00H　　　　将立即数 00 装入 R0

$ P 25 00

$ P 26 61　　; LDI　01H,R1　　　　将立即数 01 装入 R1

$ P 27 01　　;

$ P 28 04　　; ADD　R0,R1　　　　R0 + R1 – > R0

$ P 29 D0　　; STA　40H,R0　　　　将 R0 中的内容存入 40H 中

$ P 2A 40　　;

$ P 2B E0　　; JMP　26H

$ P 2C 26　　;

$ P 2D 50　　; HLT

;// ***** 数据 ***** //

$ P 4000

4　实验步骤

(1)在复杂模型机实验接线图的基础上,再增加本实验 8237 部分的接线,接线图如图 3 – 26 所示。

(2)本实验只用了 8237 的 0 通道,将它设置成请求方式。REQ0 接至脉冲信号源 KK + 上。

(3)微程序沿用复杂模型机的微代码程序,选择联机软件的【转储】/【装载】功能,在"打开文件"对话框中选择"带 DMA 的模型机设计实验.txt",软件自动将机器程序和微程序写入指定单元。

(4)运行上述程序。

将时序与操作台单元的开关 KK1、KK3 置为"运行"挡,按动 CON 单元的总清按钮 CLR,将使程序计数器 PC、地址寄存器 AR 和微程序地址为 00H,程序可以从头开始运行,暂存器 A、暂存器 B、指令寄存器 IR 和 OUT 单元也会被清零。

将时序与操作台单元的开关 KK2 置为"连续"挡,按动一次 ST 按钮,即可连续运行指令,

123

按动 KK 开关,每按动一次, OUT 单元显示循环程序段(26H...2CH)已执行的次数。(由于存储单元 40H 初值为"0"。循环程序段(26H...2CH)每执行一次,存储单元 40H 中的数据加 1,因而存储单元 40H 中的值就是循环程序段(26H...2CH)已执行的次数。)

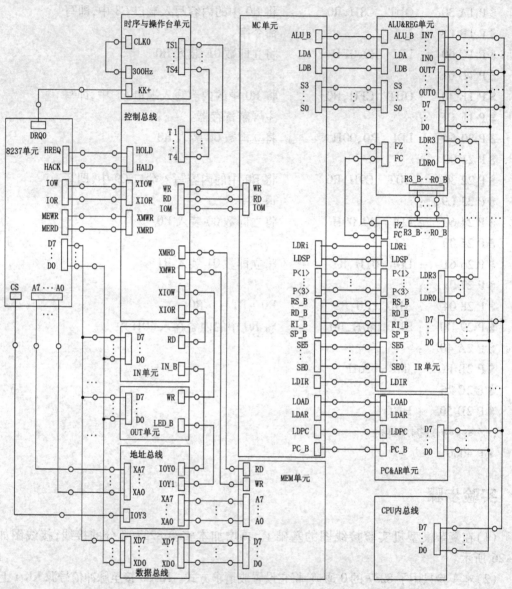

图 3-26　实验接线图

实验六 典型 I/O 接口 8253 扩展设计实验

1 实验目的

(1)掌握 CPU 外扩接口芯片的方法。

(2)掌握 8253 定时器/计数器原理及其应用编程。

2 实验设备

PC 机一台,TD – CMA 实验系统一套。

3 实验原理

1. 8253 芯片引脚说明

(1)8253 的引脚图如图 3-27 所示。

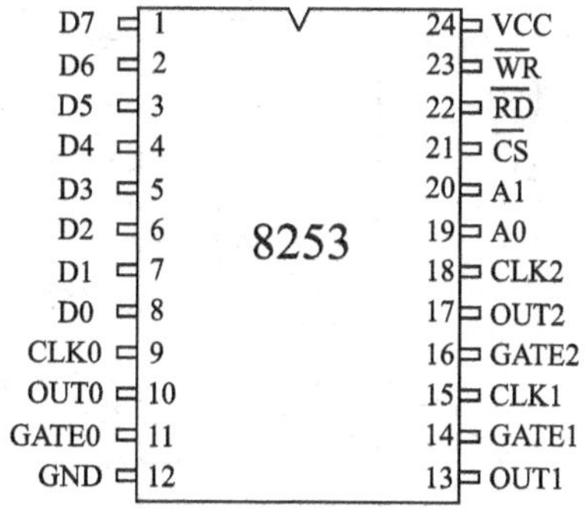

图 3-27 8253 芯片引脚图

(2)芯片引脚说明如下。

·D0 ~ D7 为数据线。

·$\overline{CS}$ 为片选信号,低电平有效。

·A0、A1 用来选择三个计数器及控制寄存器。

·$\overline{RD}$ 为读信号,低电平有效,它控制 8253 送出数据或状态信息至 CPU。

·$\overline{WR}$ 为写信号,低电平有效,它控制把 CPU 输出的数据或命令信号写到 8253。

· CLKn、GATEn、OUTn 分别为三个计数器的时钟、门控信号及输出端($n = 0, 1, 2$)。

$\overline{CS}$、A0、A1、$\overline{RD}$、$\overline{WR}$ 五个引脚的电平与 8253 操作关系如表 3-15 所示。

表 3-15   引脚电平与 8253 芯片的操作关系

$\overline{CS}$	$\overline{RD}$	$\overline{WR}$	A1	A0	寄存器选择和操作
0	1	0	0	0	写入寄存器#0
0	1	0	0	1	写入寄存器#1
0	1	0	1	0	写入寄存器#2
0	1	0	1	1	写入控制寄存器
0	0	1	0	0	读计数器#0
0	0	1	0	1	读计数器#1
0	0	1	1	0	读计数器#2
0	0	1	1	1	无操作(3 态)
1	×	×	×	×	禁止(3 态)
0	0	1	×	×	无操作(3 态)

2. 8253 芯片外部连接

对于 CPU 外扩接口芯片,其重点是要设计接口芯片数据线、地址线和控制线与 CPU 的挂接,图 3-28 所示是 8253 接口芯片的典型扩展接法。这里的模型计算机可以直接应用前面的复杂模型机,其 I/O 地址空间分配如表 3-16 所示。

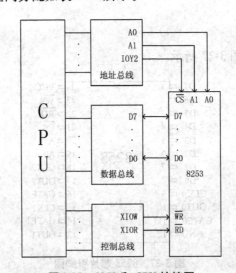

图 3-28   8253 和 CPU 挂接图

表 3-16   I/O 地址空间分配

A7 A6	选定	地址空间
00	IOY0	00 ~ 3F
01	IOY1	40 ~ 7F
10	IOY2	80 ~ BF
11	IOY3	C0 ~ FF

可以应用复杂模型机指令系统的 IN、OUT 指令来对外扩的 8253 芯片进行操作。实验箱

上 8253 的 GATE0 已接为高电平,其余都以排针形式引出。

应用复杂模型机的指令系统,实现以下功能:对 8253 进行初始化,使其以 IN 单元数据 N 为计数初值,在 OUT 端输出方波,8253 的输入时钟为系统总线上的 XCLK。

根据实验要求编写机器程序如下。

```
; // ***** Start Of Main Memory Data ***** //
    $ P 00 21      ; IN    R1,00H        IN - >R1
    $ P 01 00
    $ P 02 C0      ; LAD   R0,30H        30 单元数据送 R0(直接寻址)
    $ P 03 30
    $ P 04 30      ; OUT   83H,R0        R0 送 83H 端口(写控制字)
    $ P 05 83
    $ P 06 34      ; OUT   80H,R1        R1 送 80H 端口(写 0#通道低字节)
    $ P 07 80
    $ P 08 50      ; HLT                 停机
    $ P 30 16      ;控制字
; // ***** End Of Main Memory Data ***** //
```

4 实验步骤

(1)在复杂模型机实验接线图的基础上,再增加本实验 8253 部分的接线。接线图如图 3-29 所示。

(2)本实验只用了计数器 0 通道,将它设置成方波速率发生器(方式 3)。CLK0 接至系统总线的 XCLK 上,GATE0 = 1,计数允许;OUT0 即为方波输出端。其中,30H 单元存放的数 16H 为 8253 的控制字,它的功能为选择计数器 0,只读/写最低的有效字节,选择方式 3,采用二进制。IN 单元的开关置的数 N 为计数值,即输出是 N 个 CLK 脉冲的方波。

(3)微程序沿用复杂模型机的微代码程序,选择联机软件的【转储】/【装载】功能,在打开文件对话框中选择"典型 IO 接口 8253 扩展设计实验.txt",软件自动将机器程序和微程序写入指定单元。

(4)运行上述程序,分两种情况:本机方式或联机方式。本机方式运行程序时,要借助示波器来观测 8253 的输入和输出波形。而在联机方式时,可用联机操作软件的示波器功能测 8253 的 OUT0 端和系统总线的 XCLK 波形。进入软件界面,选择菜单命令【实验】/【复杂模型机】,打开复杂模型机实验数据通路图,选择相应的功能命令,即可联机运行、调试程序。当机器指令执行到 HLT 指令时,停止运行程序,再选择菜单命令【波形】/【打开】,打开示波器窗口,选择菜单命令【波形】/【运行】,启动逻辑示波器,就可观测到 OUT0 端和系统总线的 XCLK 端的波形。将开关置不同的计数值,按下 CON 单元的总清按钮 CLR,再运行机器指令后,可观察到 OUT0 端输出波形的频率变化。

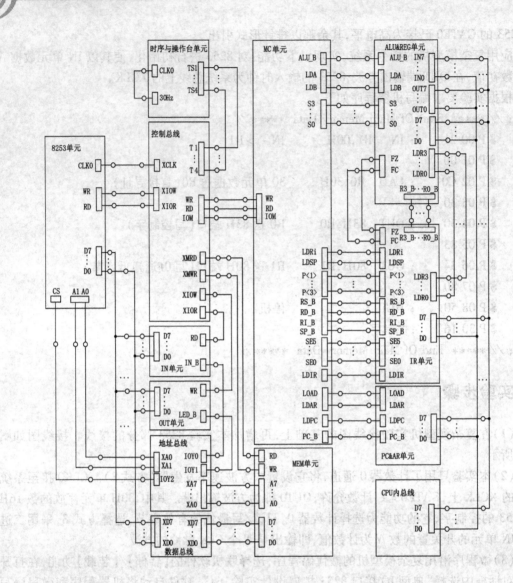

图 3-29 实验接线图

第四部分 基于 EDA 平台的综合设计类实验

4.0 可编程器件介绍

可编程逻辑器件(Programmable Logic Device,PLD)是作为一种通用集成电路产生的,它的逻辑功能按照用户对器件编程来确定。一般 PLD 的集成度很高,足以满足设计一般的数字系统的需要。这样就可以由设计人员自行编程而把一个数字系统"集成"在一片 PLD 上,而不必去请芯片制造厂商设计和制作专用的集成电路芯片了。

PLD 与一般数字芯片不同的是:PLD 内部的数字电路可以在出厂后才规划决定,有些类型的 PLD 也允许在规划决定后再次进行变更、改变,而一般数字芯片在出厂前就已经决定其内部电路,无法在出厂后再次改变,事实上一般的模拟芯片、数字芯片也都一样,在出厂后就无法再对其内部电路进行调修。

早期的可编程逻辑器件只有可编程只读存贮器(PROM)、紫外线可擦除只读存储器(EPROM)和电可擦除只读存储器(EEPROM)三种。由于结构的限制,它们只能完成简单的数字逻辑功能。其后,出现了一类结构上稍复杂的可编程芯片,即可编程逻辑器件,它能够完成各种数字逻辑功能。典型的 PLD 由一个"与"门和一个"或"门阵列组成,而任意一个组合逻辑都可以用"与-或"表达式来描述,所以 PLD 能以乘积和的形式完成大量的组合逻辑功能。这一阶段的产品主要有 PAL(可编程阵列逻辑)和 GAL(通用阵列逻辑)。PAL 由一个可编程的"与"平面和一个固定的"或"平面构成,或门的输出可以通过触发器有选择地被置为寄存状态。PAL 器件是现场可编程的,它的实现工艺有反熔丝技术、EPROM 技术和 EEPROM 技术。还有一类结构更为灵活的逻辑器件是可编程逻辑阵列(PLA),它也由一个"与"平面和一个"或"平面构成,但是这两个平面的连接关系是可编程的。PLA 器件既有现场可编程的,也有掩膜可编程的。在 PAL 的基础上,又发展了一种通用阵列逻辑(Generic Array Logic),如 GAL16V8,GAL22V10 等。它采用了 EEPROM 工艺,实现了电可擦除、电可改写,其输出结构是可编程的逻辑宏单元,因而它的设计具有很强的灵活性,至今仍有许多人使用。这些早期的 PLD 器件的一个共同特点是可以实现速度特性较好的逻辑功能,但其过于简单的结构也使它们只能实现规模较小的电路。为了弥补这一缺陷,20 世纪 80 年代中期,Altera 和 Xilinx 分别推出了类似于 PAL 结构的扩展型 CPLD(Complex Programmable Logic Device)和与标准门阵列类似的 FPGA(Field Programmable Gate Array),它们都具有体系结构和逻辑单元灵活、集成度高以及适用范围宽等特点。这两种器件兼容了 PLD 和通用门阵列的优点,可实现较大规模的电路,编程也很灵活。与门阵列等其他 ASIC(Application Specific IC)相比,它们又具有设计开发周期短、设计制造成本低、开发工具先进、标准产品无须测试、质量稳定以及可实时在线检验等优点,因此被广泛应用于产品的原型设计和产品生产(一般在 10 000 件以下)之中。几乎所有应用门阵列、PLD 和中小规模通用数字集成电路的场合均可应用 FPGA 和 CPLD 器件。

CPLD 复杂可编程逻辑器件,是从 PAL 和 GAL 器件发展出来的器件,相对而言规模大、结构复杂,属于大规模集成电路范围,是一种用户根据各自需要而自行构造逻辑功能的数字集成电路。其基本设计方法是借助集成开发软件平台,用原理图、硬件描述语言等方法,生成相应的目标文件,通过下载电缆("在系统"编程)将代码传送到目标芯片中,实现设计的数字系统。

它具有编程灵活、集成度高、设计开发周期短、适用范围宽、开发工具先进、设计制造成本低、对设计者的硬件经验要求低、标准产品无须测试、保密性强、价格大众化等特点,可实现较大规模的电路设计,因此被广泛应用于产品的原型设计和产品生产(一般在 10 000 件以下)之中。几乎所有应用中小规模通用数字集成电路的场合均可应用 CPLD 器件。CPLD 器件已成为电子产品不可缺少的组成部分,它的设计和应用成为电子工程师必备的一种技能。

4.1　VHDL 语言基础知识

4.1.1　VHDL 语言的基本结构

一个完整的 VHDL 语言程序通常包含实体(Entity)、构造体(Architecture)、配置(Configuration)、程序包(Package)和库(Library)5 个部分。前 4 个部分是可分别编译的源设计单元。实体用于描述所设计的系统的外接口信号。构造体用于描述系统内部的结构和行为。程序包存放各种设计模块都能共享的数据类型、常数和子程序等。配置用于从库中选取所需单元来组成系统设计的不同版本。库存放已经编译的实体、构造体、程序包和配置。库可由用户生成或由 ASIC 芯片制造商提供,以便于在设计中为大家所共享。

1. 实体(ENTITY)

在 VHDL 中,实体类似于原理图中的一个部件符号,它可以代表整个系统、一块电路板、一个芯片或一个门电路,是一个初级设计单元。在实体中,我们可以定义设计单元的输入输出引脚和器件的参数,其具体的格式如下:

ENTITY 实体名　IS

　　[类属参数说明;]

　　[端口说明;]

　　　END 实体名;

(1)类属参数说明为设计实体和其外部环境的静态信息提供通道,特别是用来规定端口的大小、实体中子元件的数目、实体的定时特性等。

(2)端口说明为设计实体和其外部环境的动态通信提供通道,是对基本设计实体与外部接口的描述,即对外部引脚信号的名称、数据类型和输入输出方向的描述。其一般格式如下:

　　PORT(端口名 :方向　数据类型;

　　　　:

　　　　:

端口名:方向　数据类型);

端口名是赋予每个外部引脚的名称,端口方向用来定义外部引脚的信号方向是输入还是输出,数据类型说明流过该端口的数据类型。

IEEE 1076 标准包中定义了以下常用的端口模式:

     IN　　　　　输入,只可以读

     OUT　　　　输出,只可以写

     BUFFER　　输出(构造体内部可再使用)

     INOUT　　　双向,可以读或写

数据类型:VHDL 语言中的数据类型有多种,但在数字电路的设计中经常用到的只有两种,即 BIT 和 BIT_VECTOR(分别等同于 STD_LOGIC 和 STD_LOGIC_VECTOR)。当端口被说明为 BIT 时,该端口的信号取值只能是二进制数"1"和"0",即位逻辑数据类型;而当端口被说明为 BIT_VECTOR 时,该端口的信号是一组二进制的位值,即多位二进制数。

[例] 二输入端与非门的实体描述示例。

```
LIBRARY IEEE;
USE IEEE. STD_LOGIC_1164. ALL;

ENTITY nand IS
  PORT(a : IN   STD_LOGIC ;
       b : IN   STD_LOGIC;
       c : OUT  STD_LOGIC);
END nand;
```

2. 结构体(ARCHITECTURE)

结构体描述一个设计的结构或行为,把一个设计的输入和输出之间的关系建立起来。一个设计实体可以有多个结构体,每个结构体对应着实体不同的实现方案,各个结构的地位是同等的。

结构体对其基本设计单元的输入输出关系可以用三种方式进行描述,即行为描述、寄存器传输描述和结构描述。不同的描述方式,只是体现在描述语句的不同上,而结构体的结构是完全一样的。

结构体分为两部分:结构说明部分和结构语句部分。其具体的描述格式如下:

```
ARCHITECTURE 结构体名   OF   实体名   IS
      - -说明语句
BEGIN
      - -并行语句
END 结构体名;
```

说明语句用于对结构体内部使用的信号、常数、数据类型和函数进行定义。

```
ARCHITECTURE  behav  OF  mux  IS
  SIGNAL   nel:STD_LOGIC;
```

:

BEGIN

:

END   behav;

信号定义和端口说明一样,应有信号名和数据类型的说明。因为它是内部连接用的信号,故不需有方向的说明。

[例] 全加器的完整描述示例。

```
    LIBRARY    IEEE;
USE    IEEE. STD _ LOGIC _ 1164. ALL;
    ENTITY    adder    IS
    PORT( cnp :    IN STD _ LOGIC;
          a,b : IN STD _ LOGIC;
          cn  : OUT STD _ LOGIC;
          s   : OUT STD _ LOGIC );
    END    adder;
```

⟹ 实体描述

```
ARCHITECTURE    one    OF    adder    IS
   SIGNAL    n1 ,n2 ,n3 :STD _ LOGIC;
BEGIN
   n1  < = a   XOR   b;
   n2  < = a   AND   b;
   n3  < = n2  AND   cnp;
   S   < = cnp  XOR   n1;
   cn  < = n1   OR    n2;
END one;
```

⟹ 结构体描述

上述程序所对应的电路原理如图 4-1 所示。

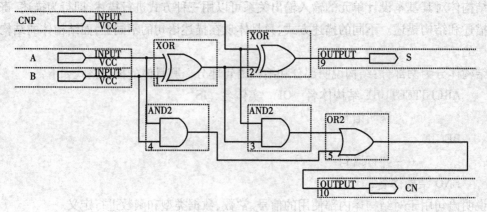

图 4-1   电路原理图

132

3. 程序包、库及配置

库和程序包是 VHDL 的设计共享资源,一些共用的、经过验证的模块放在程序包中,实现代码重用。一个或多个程序包可以预编译到一个库中,使用起来更为方便。

1)库(LIBRARY)

库是经编译后的数据的集合,用来存放程序包定义、实体定义、结构体定义和配置定义,使设计者可以共享已经编译过的设计结果。在 VHDL 语言中,库的说明总是放在设计单元的最前面:

　　　　LIBRARY 库名;

这样一来,在设计单元内的语句就可以使用库中的数据。VHDL 语言允许存在多个不同的库,但各个库之间是彼此独立的,不能互相嵌套。

常用的库如下。

Ⅰ. STD 库

逻辑名为 STD 的库为所有设计单元隐含定义,即"LIBRARY　STD"子句隐含存在于任意设计单元之前,而无须显式写出。

STD 库包含预定义程序包 STANDARD 与 TEXTIO。

Ⅱ. WORK 库

逻辑名为 WORK 的库为所有设计单元隐含定义,用户不必显示写出"LIBRARY WORK",同时设计者所描述的 VHDL 语句无须作任何说明,都将存放在 WORK 库中。

Ⅲ. IEEE 库

最常用的库是 IEEE。IEEE 库中包含 IEEE 标准的程序包,包括 STD_LOGIC_1164、NUMERIC_BIT、NUMERIC_STD 以及其他一些程序包。其中 STD_LOGIC_1164 是最主要的程序包,大部分可用于可编程逻辑器件的程序包都以这个程序包为基础。

Ⅳ. 用户定义库

用户为自身设计需要所开发的共用程序包和实体等,也可汇集在一起定义成一个库,这就是用户定义库,在使用时同样需要说明库名。

2)程序包(PACKAGE)

程序包说明像 C 语言中的 include 语句一样,用来罗列 VHDL 语言中所要用到的常数定义、数据类型、函数定义等,是一个可编译的设计单元,也是库结构中的一个层次。要使用程序包时可用 USE 语句说明,例如:

　　　　USE　IEEE.STD_LOGIC_1164. ALL;

程序包由标题和包体两部分组成,其结构如下:

　　　　PACKAGE　程序包名　IS
　　　　　　　--说明语句　　　　标题部分
　　　　　　END 程序包名
　　　　PACKAGE　BODY　程序包名　IS
　　　　　　　--说明语句　　　　包体部分
　　　　　　END　BODY;

标题是主设计单元,它可以独立编译并插入设计库中。包体是次级设计单元,它可以在其对应的标题编译并插入设计库之后,再独立进行编译并也插入设计库中。

133

包体并不总是需要的。但在程序包中若包含有子程序说明时则必须用对应的包体。这种情况下,子程序体不能出现在标题中,而必须放在包体中。若程序包只包含类型说明,则包体是不需要的。

常用的程序包如下。

Ⅰ.STANDARD 程序包

STANDARD 程序包预先在 STD 库中编译,此程序包中定义了若干类型、子类型和函数。IEEE 1076 标准规定,在所有 VHDL 程序的开头隐含有下面的语句:

LIBRARY WORK. STD;

USE STD. STANDARD. ALL;

因此不需要在程序中使用上面的语句。

Ⅱ.STD _ LOGIC _ 1164 程序包

STD _ LOGIC _ 1164 预先编译在 IEEE 库中,是 IEEE 的标准程序包,其中定义了一些常用的数据和子程序。

此程序包定义的数据类型 STD _ LOGIC、STD _ LOGIC _ VECTOR 以及一些逻辑运算符都是最常用的,许多 EDA 厂商的程序包都以它为基础。

Ⅲ.STD _ LOGIC _ UNSIGNED 程序包

STD _ LOGIC _ UNSIGNED 程序包预先编译在 IEEE 库中,是 Synopsys 公司的程序包。此程序包重载了可用于 INTEGER、STD _ LOGIC 和 STD _ LOGIC _ VECTOR 三种数据类型混合运算的运算符,并定义了一个由 STD _ LOGIC _ VECTOR 型到 INTEGER 型的转换函数。

Ⅳ.STD _ LOGIC _ SIGNED 程序包

STD _ LOGIC _ SIGNED 程序包与 STD _ LOGIC _ UNSIGNED 程序包类似,只是 STD _ LOGIC _ SIGNED 中定义的运算符考虑到了符号,是有符号的运算。

4. 配置(CONFIGUARTION)

配置语句一般用来描述层与层之间的连接关系以及实体与结构之间的连接关系。在分层次的设计中,配置可以用来把特定的设计实体关联到元件实例(COMPONET),或把特定的结构(ARCHITECTURE)关联到一个实体。当一个实体存在多个结构时,可以通过配置语句为其指定一个结构,若省略配置语句,则 VHDL 编译器将自动为实体选一个最新编译的结构。

配置的语句格式如下:

CONFIGURATION 配置名 OF 实体名 IS

［语句说明］

END 配置名;

若用配置语句指定结构体,配置语句放在结构体之后进行说明。例如,某一个实体 adder,存在 2 个结构体 one 和 two 与之对应,则用配置语句进行指定时可利用如下描述:

configure TT of adder is

for one

end for;

end configure TT;

4.1.2　VHDL 语言的数据类型和运算操作符

1. VHDL 语言的对象

VHDL 语言中可以赋值的对象有三种：信号（Signal）、变量（Variable）、常数（Constant）。在数字电路设计中，这三种对象通常都具有一定的物理意义。例如，信号对应的代表电路设计中的某一条硬件连线，常数对应的代表数字电路中的电源和地等。当然，变量对应关系不太直接，通常只代表暂存某些值的载体。三种对象的含义和说明场合如表 4-1 所示。

表 4-1　VHDL 语言三种对象的含义和说明场合

对象类别	含　义	说　明　场　合
信　号	信号说明全局量	Architecture，Package，Entity
变　量	变量说明局部量	Process，Function，Procedure
常　数	常数说明全局量	上面两种场合下，均可存在

2. VHDL 语言的数据类型

1）数据类型的种类

在 VHDL 语言中，信号、变量、常数都是需要指定数据类型的，VHDL 提供的数据类型可归纳如下：

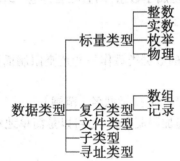

在上述数据类型中，有标准的，也有用户自己定义的。当用户自己定义时，其具体的格式如下：

　　　　TYPE 数据类型名　数据类型的定义；

下面对常用的几种数据类型作一些说明。

Ⅰ. 整型（INTEGER）

VHDL 中的整型与数学中的整型定义相似，可以使用加、减、乘、除等运算符。整数的最小范围从 − 2 147 483 647 到 + 2 147 483 647，即 32 位有符号的二进制数。

Ⅱ. 实数（REAL）

实数即浮点数，有正有负，书写时一定要有小数点。实数的最小范围从 − 1.0E + 38 到 + 1.0E + 38。

Ⅲ. 记录（RECORD）

记录是异构复合类型，也就是说，记录中的元素可以是不同的类型。记录类型的格式

如下:

> TYPE 记录名 IS RECORD
>
> – – 记录中元素的类型说明;
>
> END RECORD

一个具体的实例如下:

TYPE month_name(Jan, Feb, Mar, Apr, May, Jun, Jul, Aug, Sep, Oct, Nov, Dec);

TYPE date IS RECORD

   day : integer range 0 to 31;

   month : month_name;

   year : Integer range 0 to 3000;

END RECORD;

Ⅳ. 数组(ARRAY)

数组用于定义同一类型值的集合。数组可以是一维的(有一个下标),也可以是多维的(有多个下标)。此外,数组还可分为限定性数组和非限定性数组,限定性数组下标的取值范围在该数组类型定义时就被确定,而非限定性数组下标的取值范围随后才确定。其具体格式如下:

> TYPE 数据类型名 IS ARRAY 范围 OF 原数据类型;

举例如下:

TYPE word IS ARRAY(1 TO 8) OF STD_LOGIC;

"STD_LOGIC_VECTOR"也属于数组,因它在程序包"STD_LOGIC_1164"中被定义成数组。

Ⅴ. 子类型

所谓子类型,是用户对定义的数据类型作一些范围限制而形成的一种新的数据类型。子类型定义的一般格式如下:

> SUBTYPE 子类型名 IS 数据类型名 [范围];

子类型可以是对其父类型施加限制条件,也可以是简单地对其父类型重新起个名字,而没有增加任何新的意义。

2)数据类型的转换

在 VHDL 语言中,数据类型的定义是相当严格的,不同类型数据是不能进行运算和直接赋值的。为了实现正确的运算和赋值操作,必须将数据进行类型转换。数据类型的转换是由转换函数完成的,VHDL 的标准程序包提供了一些常用的转换函数,如:

FUNCTION TO_bit(s : std_ulogicl; xmap : BIT : = ′0′) RETURN BIT;

FUNCTION TO_bit_vector(s : std_logic_vector; xmap : BIT : = ′0′) RETURN BIT_VECTOR;

3. VHDL 语言的运算操作符

如同别的程序设计语言一样,VHDL 中的表达式是由运算符(简称算符)将基本元素连接起来的式子。VHDL 的运算符可分为 4 组:算术运算符、关系运算符、逻辑运算符和其他运算符。其优先级别如表 4-2 所示。

表 4-2 VHDL 的运算符及其优先级别

优先级顺序	运算符类型	运算符	功 能
低	逻辑运算符	AND	与
		OR	或
		NAND	与非
		NOR	或非
		XOR	异或
		XNOR	异或非
	关系运算符	=	等于
		/ =	不等于
		<	小于
		>	大于
		< =	小于等于
		> =	大于等于
	算术运算符	+	加
		−	减
		&	连接
		+	正
		−	负
		*	乘
		/	除
		MOD	求模
		REM	取余
		* *	指数
高		ABS	取绝对值
		NOT	取反

通常,在一个表达式中有两个以上的算符时,需要使用括号将这些操作分组。如果一串操作中的算符相同,且是 AND、OR、XOR 这三个算符中的一种,则不需要使用括号,如果一串操作中的算符不同或有除以上三种算符之外的算符,则必须使用括号。如:

a AND b AND c AND d

(a OR b) NAND c

关系运算符 = √/ = 、< 、> 、< = 和 > = 的两边类型必须相同,因为只有相同的数据类型才能比较,其比较的结果为 BOOLEAN 型。

正(+)负(−)号和加减号的意义与一般算术运算相同。连接运算符用于一维数组,"&"符号右边的内容连接之后形成一个新的数组,也可以在数组后面连接一个新的元素,或将两个单元素连接形成数组。连接操作常用于字符串。乘除运算符用于整型、浮点数与物理类型。取模、取余只能用于整数类型。取绝对值运算用于任何数值类型。乘方运算的左边可以是整数或浮点数,但右边必须为整数,且只有在左边为浮点数时,其右边才可以为负数。

4. VHDL 语言的主要描述语句

在用 VHDL 语言描述系统的硬件行为时,按语句执行的顺序可分为顺序语句和并行语句。顺序语句主要用来实现模型的算法部分,而并行语句则基本上用来表示黑盒的连接关系。黑盒中所包含的内容可以是算法描述或一些相互连接的黑盒。

1)顺序语句

VHDL 提供了一系列丰富的顺序语句,用来定义进程、过程或函数的行为。所谓"顺序",意味着完全按照程序中出现的顺序执行各条语句,而且还意味着在结构层次中前面语句的执行结果可能直接影响后面语句的结果。顺序语句包括:WAIT 语句、变量赋值语句、信号赋值语句、IF 语句、CASE 语句、LOOP 语句、NEXT 语句、EXIT 语句、RETURN 语句、NULL 语句、过程调用语句、断言语句、REPORT 语句。下面介绍其中常用的一些语句。

Ⅰ. 等待(WAIT)语句

进程在运行中总是处于两种状态之一:执行或挂起。当进程执行到 WAIT 语句时,就将被挂起来,并设置好再执行的条件。WAIT 语句可以设置四种不同的条件:无限等待、时间到、条件满足以及敏感信号量变化。这几类条件可以混用。

WAIT 语句格式有如下四种:

(1)WAIT;

(2)WAIT ON 信号;

(3)WAIT UNTIL 条件表达式;

(4)WAIT FOR 时间表达式。

第 1 种格式为无限等待,通常不用。

第 2 种为当指定的信号发生变化时,进程结束挂起状态,继续执行。

第 3 种为当条件表达式的值为 TRUE 时,进程才被启动。

第 4 种为当等待的时间到时,进程结束挂起状态。

Ⅱ. 断言(ASSERT)语句

ASSERT 语句主要用于程序仿真、调试中的人机对话,它可以给出一串文字作为警告和错误信息。ASSERT 语句的格式如下:

   ASSERT 条件 〔REPORT 输出信息〕 〔SEVERITY 级别〕

当执行 ASSERT 语句时,会对条件进行判断。如果条件为"真",则执行下一条语句;如果条件为"假",则输出错误信息和错误严重程度的级别。

Ⅲ. 信号赋值语句

信号赋值语句的格式如下:

   信号量 < =信号量表达式

例如:

   a< = b AFTER 5 ns;

信号赋值语句指定延迟类型,并在后面指定延迟时间。但 VHDL 综合器忽略延迟特性。

Ⅳ. 变量赋值语句

在 VHDL 中,变量的说明和赋值限定在进程、函数和过程中。变量赋值符号为":= ",同时符号": = "也可用来给变量、信号、常量和文件等对象赋初值。其格式如下:

变量: = 表达式;

例如:

　　a: = 2;

　　d: = d + e;

Ⅴ. IF 语句

IF 语句的一般格式如下:

　　IF 条件 THEN

　　顺序处理语句;

　　｛ELSIF 条件 THEN

　　　　顺序处理语句;

　　　　　:

　　　　ELSIF 条件 THEN

　　　　　顺序处理语句;｝

　　ELSE

　　　顺序处理语句;

　　END IF;

花扩号内的嵌套语句可有可无,视具体情况而定。在 IF 语句中,当所设置的条件满足时,则执行该条件后面的顺序处理语句;当所有的条件均不满足时,则执行 ELSE 和 END IF 之间的顺序处理语句。

[例] 四选一电路的条件描述语句:

　　　　IF(sel = "00")　　THEN

　　　　　　　y < = input(0);

　　　　　　ELSIF(sel = "01")　　THEN

　　　　　　　　y < = input(1);

　　　　　　　ELSIF(sel = "10")　　THEN

　　　　　　　　　y < = input(2);

　　　　ELSE

　　　　　y < = input(3);

　　　　END　IF;

Ⅵ. CASE 语句

CASE 语句用来描述总线或编码、译码的行为,从许多不同语句的序列中选择其中之一执行。虽然 IF 语句也有类似的功能,但 CASE 语句的可读性比 IF 语句要强得多,程序的阅读者很容易找出条件和动作的对应关系。

CASE 语句的一般格式如下:

　　CASE 表达式　　IS

　　　　WHEN 表达式值　　= >　　顺序语句;

　　　　WHEN　OTHERS　= >　　顺序语句;

　　END CASE;

当 CASE 和 IS 之间的表达式满足指定的值时,程序将执行后面所跟的顺序语句。例如:

```
TYPE   enum  IS(pick _ a, pick _ b, pick _ c, pick _ d);
SIGNAL   value:enum;
SIGNAL   a, b, c, d, z:BIT;

CASE   value  IS
    WHEN   pick _ a = >
      z < = a;
    WHEN   pick _ b = >
      z < = b;
    WHEN   pick _ c = >
      z < = c;
    WHEN   pick _ d = >
      z < = d;
END   CASE；
```

Ⅶ. LOOP 语句

LOOP 语句与其他高级语言中的循环语句一样,使程序能进行有规则的循环,循环的次数受迭代算法的控制。一般格式有以下两种。

①FOR 循环变量。书写格式如下:

```
    [标号]:FOR  循环变量  IN  离散范围  LOOP
        顺序语句;
    END  LOOP  [标号];
```

例如:

```
VARIABLE   a, b :BIT _ VECTOR( 1  TO  3 );
FOR  i  IN  1  TO  3  LOOP
  a(i) < = b(i);
END  LOOP;
```

上面循环语句的等价语句如下:

```
A(1) < = B(1);
A(2) < = B(2);
A(3)  < = B(3);
```

②WHILE 条件循环。书写格式如下:

```
    [标号]:WHILE   条件  LOOP
        顺序语句;
    END  [标号];
```

当条件为真时,则进行循环;当条件为假时,则结束循环。

Ⅷ. NEXT 语句

在 LOOP 语句中,NEXT 语句用来跳出本次循环。其语句格式如下:

```
    NEXT  [标号]  [WHEN 条件];
```

当 NEXT 语句执行时将停止本次迭代,转入下一次新的迭代。NEXT 后面的标号表明下次迭代的起始位置,而 WHEN 条件则表明 NEXT 语句执行的条件。如果 NEXT 后面既无标号又无 WHEN 条件说明,则执行到该语句接立即无条件地跳出本次循环,从 LOOP 语句的起始位置进入下次循环。

例如:

```
SIGNAL  a,b,copy_enable:BIT_VECTOR( 1 TO 3 );
...
a < = "00000000";
...
——b 被赋了一个值,如"11010011"
...
FOR  i  IN  1  TO  8  LOOP
    NEXT   WHEN   copy_enableE(i) = '0';
    a(i) < = b(i);
END  LOOP;
```

Ⅸ. EXIT 语句

EXIT 语句也是 LOOP 语句中使用的循环控制语句,与 NEXT 不同的是,执行 EXIT 语句将结束循环状态,从而结束 LOOP 语句的正常执行。其格式如下:

```
        EXIT  [标号] [WHEN 条件];
```

若 EXIT 后面的标号和 WHEN 条件缺省,则程序执行到该语句时就无条件从 LOOP 语句中跳出,结束循环状态。若 WHEN 中的条件为"假",则循环正常继续。

例如:

```
SIGNAL  a,b: BIT_VECTOR(1  DOWNTO  0);
SIGNAL  a_less_than_b: BOOLEAN;
...
a_less_than_b < = FALSE;
FOR i  IN  1  DOWNTO  0  LOOP
  IF (a(i) = '1'  AND  b(i) = '0')  THEN
    a_less_than_b < = FALSE;
    EXIT;
  ELSIF(a(i) = '0'  AND  B(i) = '1')  THEN
    a_less_than_b < = TRUE;
    EXIT;
ELSE
        NULL;        ——继续比较
END IF;
END LOOP;
```

Ⅹ. NULL 语句

NULL 语句表示没有动作发生。NULL 语句一般用在 CASE 语句中,以便能够覆盖所有可能的条件。

2）并行语句

由于硬件语言所描述的实际系统,其许多操作是并行的,所以在对系统进行仿真时,系统中的元件应该是并行工作的。并行语句就是用来描述这种行为的。并行描述可以是结构性的也可以是行为性的,而且并行语句的书写次序并不代表其执行的顺序,信号在并行语句之间的传递,就犹如连线在电路原理图中元件之间的连接。主要的并行语句有:块(BLOCK)语句、进程(PROCESS)语句、生成(GENERATE)语句、元件(COMPONENT)和元件例化(COMPONENT_INSTANT)语句。

Ⅰ.块(BLOCK)语句

块(BLOCK)可以看作结构体中的子模块。BLOCK 语句把许多并行语句包装在一起形成一个子模块,常用于结构体的结构化描述。块语句的格式如下:

```
标号:BLOCK
    块头
        {说明部分}
    BEGIN
        {并行语句}
    END  BLOCK 标号;
```

块头主要用于信号的映射及参数的定义,通常通过 GENETIC 语句、GENETIC_MAP 语句、PORT 和 PORT_MAP 语句来实现。

说明部分与结构体中的说明部分是一样的,主要对该块所要用到的对象加以说明。

Ⅱ.进程(PROCESS)语句

VHDL 模型的最基本的表示方法是并行执行的进程语句,它定义了单独一组在整个模拟期间连续执行的顺序语句。一个进程可以被看作一个无限循环,在模拟期间,当进程的最后一个语句执行完毕之后,又从该进程的第一个语句开始执行。在进程中的顺序语句执行期间,若敏感信号量未变化或未遇到 WAIT 语句,模拟时钟是不会前进的。

在一个结构中的所有进程可以同时并行执行,它们之间通过信号或共享变量进行通信。这种表示方法允许以很高的抽象级别建立模型,并允许模型之间存在复杂的信号流。

进程语句的格式如下:

```
[进程标号:]PROCESS (敏感信号表)  [IS]
        [说明区]
    BEGIN
        顺序语句
    END  PROCESS [进程标号];
```

上述格式中,中扩号内的内容可有可无,视具体情况而定。进程语句的说明区中可以说明数据类型、子程序和变量。在此说明区内说明的变量,只有在此进程内才可以对其进行存取。

如果进程语句中含有敏感信号表,则等价于该进程语句内的最后一个语句是一个隐含的WAIT 语句,其形式如下:

```
    WAIT  ON  敏感信号表;
```

一旦敏感信号发生变化,就可以再次启动进程。必须注意的是,含有敏感信号表的进程语句中不允许再显式出现 WAIT 语句。

例如：由时序逻辑电路构成的模 10 计数器。

```
    ENTITY   counter   IS
      PORT( clear：IN BIT;
            clock：IN BIT;
            count：BUFFER   INTEGER   RANGE   0   TO   9);
    END   counter;
    ARCHITECTURE   example   OF   counter   IS
    BEGIN
       PROCESS
       BEGIN
          WAIT   UNTIL( clock'event and clock = '1');
          IF( clear = '1' OR   count > = 9) THEN
              count < = 0;
          ELSE
              count < = count +1;
          END   IF;
       END   PROCESS;
    END   example;
```

上面例子展示了将计数器用时序逻辑进程来实现。在每一个 01 的时钟边沿,如果 clear 为 1 或 count 为 9,count 被置为零;否则,count 增加 1。通常,综合器采用 4 个 D 触发器及附加电路来实现本例。

Ⅲ. 生成(GENERATE)语句

生成语句给设计中的循环部分或条件部分的建立提供了一种方法。生成语句有以下两种格式:

标号:FOR   变量   IN   不连续区间   GENERATE
        并行处理语句
    END   GENERATE   [标号];
标号:IF   条件   GENERATE
        并行处理语句
    END   GENERATE   [标号];

生成方案 FOR 用于描述重复模式;生成方案 IF 通常用于描述一个结构中的例外情形,例如在边界处发生的特殊情况。

FOR ... GENERATE 和 FOR... LOOP 的语句不同,在 FOR ... GENERATE 语句中所列举的是并行处理语句。因此,内部语句不是按书写顺序执行的,而是并行执行的,这样的语句中就不能使用 EXIT 语句和 NEXT 语句。

IF ... GENERATE 语句在条件为“真”时执行内部的语句,语句同样是并行处理的。与 IF 语句不同的是该语句没有 ELSE 项。

该语句的典型应用场合是生成存储器阵列和寄存器阵列等,还可以用于地址状态编译机。

143

例如：

SIGNAL a,b:BIT _ VECTOR(3 DOWNTO 0);
SIGNAL c:BIT _ VECTOR(7 DOWNTO 0);
SIGNAL x:BIT;
        ...
GEN _ LABEL : FOR i IN 3 DOWNTO 0 GENERATE
    c(2 * i + 1) < = a(i) NOR x;
    c(2 * i) < = b(i) NOR x;
END GENERATE GEN _ LABEL;

Ⅳ. 元件（COMPONENT）和元件例化（COMPONENT _ INSTANT）语句

COMPONENT 语句一般在 ARCHITECTURE、PACKAGE 及 BLOCK 的说明部分中使用,主要用来指定本结构体中所调用的元件是哪一个现成的逻辑描述模块。COMPONENT 语句的基本格式如下：

> COMPONENT 元件名
>   GENERIC 说明;   – –参数说明
>   PORT 说明;   – –端口说明
>   END COMPONENT;

在上述格式中,GENTRIC 通常用于该元件的可变参数的代入或赋值,PORT 则说明该元件的输入输出端口的信号规定。

COMPONENT _ INSTANT 语句是结构化描述中不可缺少的基本语句,它将现成元件的端口信号映射成高层次设计电路中的信号。COMPONENT _ INSTANT 语句的书写格式如下：

> 标号名:元件名 PORT MAP(信号,…)

标号名在该结构体的说明中应该是唯一的,下一层元件的端口信号和实际信号的连接通过 PORT MAP 的映射关系来实现。映射的方法有两种:位置映射和名称映射。所谓位置映射,是指在下一层元件端口说明中的信号书写顺序位置和 PORT MAP( )中指定的实际信号书写顺序位置一一对应;所谓名称映射,是将已经存于库中的现成模块的各端口名称,赋予设计中模块的信号名。

例如：

COMPONENT and2
  PORT(a,b:IN BIT;
        c: OUT BIT);
END COMPONENT;
...
SIGNAL x,y,z: BIT;
...
u1:and2 PORT MAP(x,y,z);   – –位置映射
u2:and2 PORT   MAP(a = >x,c = >z,b = >y);   – –名称映射
u3:and2 PORT   MAP(x,y,c = >z)   – –混合形式

VHDL 语言是一门比较复杂的硬件设计语言,除了本章所述的有关内容外,它还包含许多别的东西,鉴于篇幅有限,在此不再一一罗列,有兴趣者可自行参考有关 VHDL 语言方面的书籍和资料。

4.2 Quartus Ⅱ 9.0 基本使用方法

利用硬件描述语言完成电路设计后,必须借助于 EDA 工具中的综合器、适配器、时序仿真器和编程工具进行相应的处理,才能使此项设计在 FPGA/CPLD 上完成硬件实现并得到硬件测试。在 EDA 工具的设计环境中,Quartus Ⅱ 是 Altera 公司提供的 FPGA/CPLD 开发集成环境,Altera 是世界上可编程逻辑器件最大供应商之一。Quartus Ⅱ 界面友好、使用便捷,被誉为业界最易用易学的 EDA 软件。其主要功能为数字电子系统的设计输入、编辑、仿真、下载等。该软件支持原理图输入、硬件描述语言的输入等多种输入方式。硬件描述语言的输入方式是利用类似高级程序的设计方法来设计出数字系统。接下来我们对这种智能的 EDA 工具进行初步的学习。使大家以后的数字系统设计更加容易上手。

1. 硬件描述语言输入

这种设计输入方式是通过文本编辑器,用 VHDL、Verilog 或 AHDL 等硬件描述语言进行设计输入。采用语言描述的优点是效率较高,结果容易仿真,信号观察方便,在不同的设计输入库之间转换方便,适用于大规模数字系统的设计。但语言输入必须依赖综合器,只有好的综合器才能把语言综合成优化的电路。

2. 原理图输入

原理图输入方式是利用软件提供的各种原理图库,采用画图的方式进行设计输入。这是一种最为简单和直观的输入方式。原理图输入方式的效率比较低,一般只用于小规模系统设计,或用于在顶层拼接各个已设计完成的电路子模块。

3. 网表输入

现代可编程数字系统设计工具都提供了它和第三方 EDA 工具相连接的接口。采用这种方法输入时,可以通过标准的网表把它设计工具上已经实现了的设计直接移植进来,而不必重新输入。一般开发软件可以接收的网表有 EDIF 格式、VHDL 格式及 Verilog 格式等。在用网表输入时,必须注意在两个系统中采用库的对应关系,所有的库单元必须一一对应,才可以成功读入网表。

其使用基本流程如图 4-2 所示。

第一步:打开软件,如图 4-3 所示。

快捷工具栏:提供设置(setting)、编译(compile)等快捷方式,方便用户使用,用户也可以在菜单栏的下拉菜单找到相应的选项。

菜单栏:软件所有功能的控制选项都可以在其下拉菜单中找到。

编译及综合的进度栏:编译和综合的时候该窗口可以显示进度,当显示 100% 时表示编译或者综合通过。

信息栏:编译或者综合整个过程的详细信息显示窗口,包括编译通过信息和报错信息。

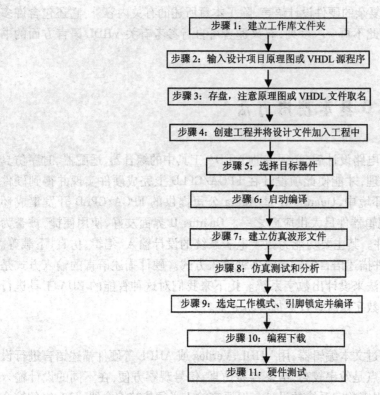

步骤1：建立工作库文件夹

步骤2：输入设计项目原理图或 VHDL 源程序

步骤3：存盘，注意原理图或 VHDL 文件取名

步骤4：创建工程并将设计文件加入工程中

步骤5：选择目标器件

步骤6：启动编译

步骤7：建立仿真波形文件

步骤8：仿真测试和分析

步骤9：选定工作模式、引脚锁定并编译

步骤10：编程下载

步骤11：硬件测试

图 4-2　网表输入使用流程

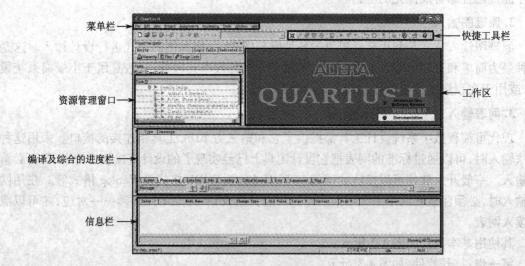

图 4-3　软件界面

第二步：新建工程（File→New Project Wizard）。

（1）工程名称，如图 4-4 所示。

（2）添加已有文件（没有已有文件的直接跳过，点击"Next"，如图 4-5 所示）。

（3）选择芯片型号，如图 4-6 所示。

（4）选择仿真，综合工具（第一次实验全部利用 Quartus 做，三项都选 None，然后点击

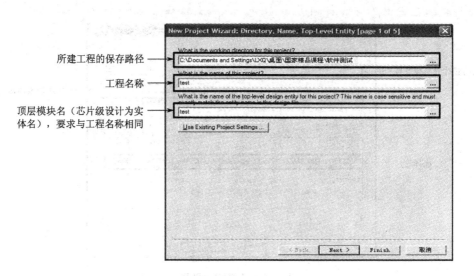

所建工程的保存路径 ——

工程名称 ——

顶层模块名（芯片级设计为实
体名），要求与工程名称相同

图 4-4　新建工程名称

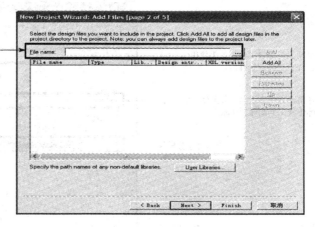

如果有已经存在的文件就在该
过程中添加，软件将直接将用
户所添加的文件添加到工程中。

147

图 4-5　添加已有文件

"Next"）。

（5）工程建立完成，点击"Finish"，如图 4-8 所示。

第三步：添加文件（File→New→VHDL File），如图 4-9 所示，新建完成之后要先保存。

第四步：编写程序。

3 – 8 译码器的 VHDL 描述源文件如下：

library ieee;

use ieee. std _ logic _ 1164. all;

entity decoder3 _ 8 is

port(　　　　A：in std _ logic _ vector(2 downto 0)；

　　　　　　EN：in std _ logic；

　　　　　　Y：out std _ logic _ vector(7 downto 0))；

end decoder3 _ 8；

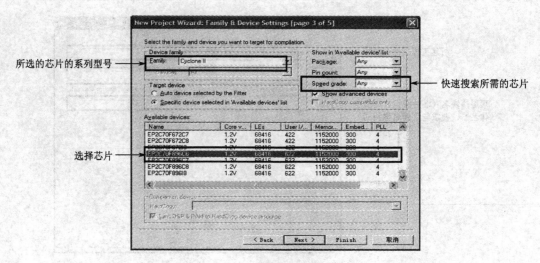

所选的芯片的系列型号 →

快速搜索所需的芯片 ←

选择芯片 →

图 4-6　选择芯片型号

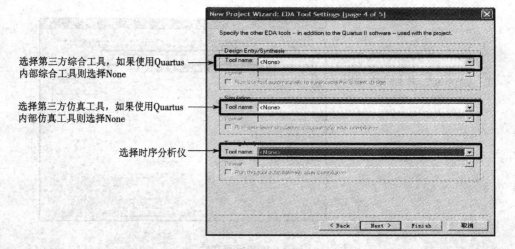

选择第三方综合工具, 如果使用Quartus
内部综合工具则选择None →

选择第三方仿真工具, 如果使用Quartus
内部仿真工具则选择None →

选择时序分析仪 →

图 4-7　选择仿真, 综合工具

```
architecture example _ 1 of decoder3 _ 8 is
    signal sel:std _ logic _ vector(3 downto 0);
begin
    sel < = A & EN;
    with sel select
            Y < = "11111110" when "0001",
                  "11111101" when "0011",
                  "11111011" when "0101",
                  "11110111" when "0111",
                  "11101111" when "1001",
                  "11011111" when "1011",
                  "10111111" when "1101",
```

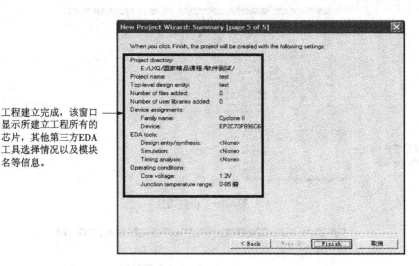

工程建立完成,该窗口显示所建立工程所有的芯片,其他第三方EDA工具选择情况以及模块名等信息。

图 4-8　工程建立完成

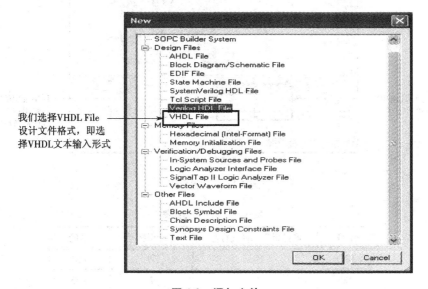

我们选择VHDL File设计文件格式,即选择VHDL文本输入形式

149

图 4-9　添加文件

　　"01111111" when "1111",

　　"11111111" when others;

end example _ 1;

然后保存源文件。

第五步:检查语法(点击工具栏的 (Start Analysis & Synthesis)按钮),如图 4-10 所示,点击"确定"完成语法检查。

第六步:锁定引脚,点击工具栏的 (Pin Planner)按钮),如图 4-11 所示。

双击"Location"为输入输出配置引脚(见表 4-3 管脚分配表)。

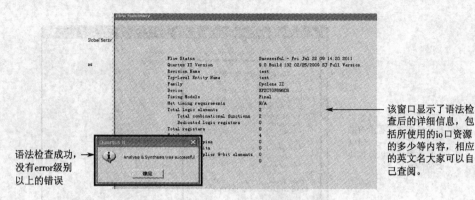

语法检查成功，
没有error级别
以上的错误

该窗口显示了语法检查后的详细信息，包括所使用的io口资源的多少等内容，相应的英文名大家可以自己查阅。

图 4-10　检查语法

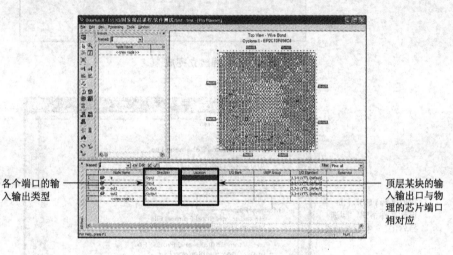

各个端口的输入输出类型

顶层某块的输入输出口与物理的芯片端口相对应

图 4-11　锁定引脚

表 4-3　管脚分配表

信　号	实验板引出插孔标注	芯片引脚号	功能
EN	P43	69	I/O
A2	P76	7	I/O
A1	P75	8	I/O
A0	P74	9	I/O
Y0	P50	37	I/O
Y1	P51	36	I/O
Y2	P53	34	I/O
Y3	P54	33	I/O
Y4	P55	31	I/O
Y5	P57	28	I/O
Y6	P59	26	I/O
Y7	P61	24	I/O

第七步:整体编译(点击工具栏的 ▶ (Start Complilation)按钮),如图 4-12 所示。

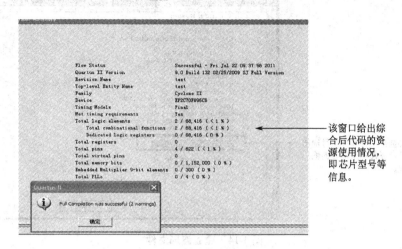

图 4-12 整体编译

第八步:功能仿真(直接利用 Quratus 进行功能仿真)。

(1)将仿真类型设置为功能仿真(Setting→Simulator Settings→下拉→Functional),如图 4-13 所示。

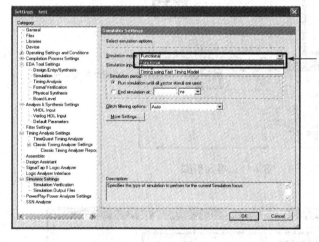

图 4-13 置为功能仿真

(2)建立一个波形文件(New→Vector Waveform File),如图 4-14 所示。

(3)导入引脚(双击 Name 下面空白区域→Node Finder→List—点击 ███),如图 4-15 所示。

(以实现一个与门和或门为例,3−8 译码器与以下的设计步骤类似。)

(4)设置激励信号(单击 ████ a A 0 →选择 XC →Timing→Multiplied by 1),如图 4-16 和图 4-17 所示。设置 b 信号源的时候类同设置 a 信号源,最后一步改为 Multiplied by 2。

(5)先生成仿真需要的网表(菜单栏 Processing→Generate Functional Simulation Netlist),如图 4-18 所示。

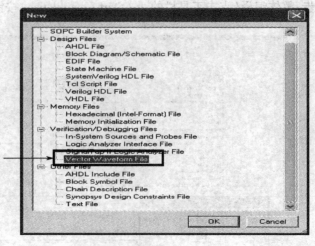

图 4-14　建立波形文件

添加波形文件作为信号输出文件，以便观察信号的输出情况。

双击弹出右边的对话框　　　　　点击如下图添加信号

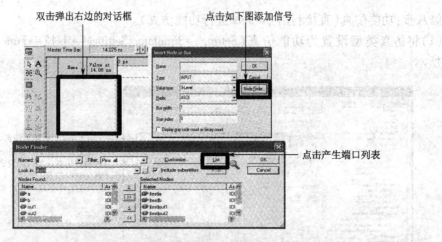

点击产生端口列表

图 4-15　导入引脚

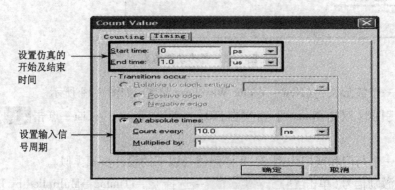

设置仿真的开始及结束时间

设置输入信号周期

图 4-16　设置激励信号

（6）开始仿真（仿真前要将波形文件保存，点击工具栏 ，如图 4-19 所示。

152

自定义的输入信号

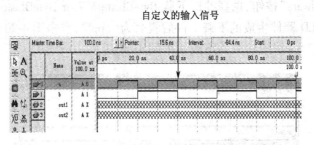

图 4-17 设置 b 信号源的时候类同设置 a 信号源

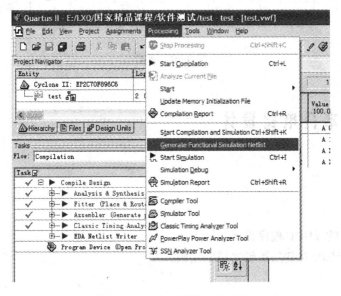

图 4-18 生成仿真需要的网表

由a，b两个信号
经过设计的模块
产生的结果

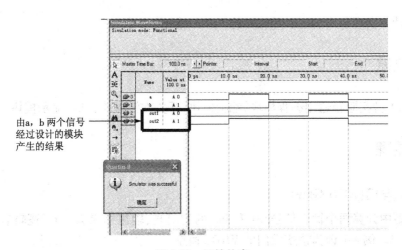

图 4-19 开始仿真

观察波形,刚好符合逻辑,功能仿真通过。

第九步:下载(点击 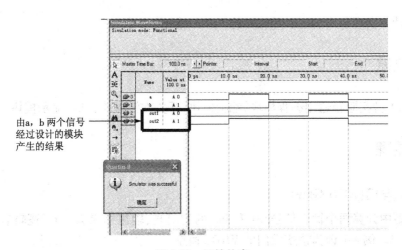 (Programmer)按钮,再点击 Hardware Setup 配置下载电缆,单击弹

出窗口的"Add Hardware"按钮,选择并口下载 ByteBlasterMV or ByteBlasterMV Ⅱ,单击"Close" 按钮完成设置。CPLD 器件生成的下载文件后缀名为". pof",点击图 4-20 所示方框,选中下载 文件,然后直接点击"Start"按钮开始下载),如图 4-20 所示。

图 4-20　下载

实 验 一　基 本 门 电 路 设 计

1　实验目的

(1)掌握简单的 VHDL 程序设计。
(2)掌握用 VHDL 对基门逻辑电路的建模。

2　实验内容

分别设计并实现与门、或门、反相器的 VHDL 模型。

3　实验仪器

TD – CMA 型实验箱通用编程模块,配置模块,开关按键模块,LED 显示模块。

4　实验原理

1. 二输入与门(AND Gate)

在该模型中计算两个输入信号 in1 和 in2 的逻辑与,输出结果为 out1,逻辑表达式为 out1 = in1 AND in2。例 4-1 即为该逻辑门的 VHDL 模型。

```
library ieee;
use ieee.std_logic_1164.all;
entity and2 is
generic(delay : time);
port(in1,in2 : in std_logic;
     out1 : out std_logic);
end and2;
architecture arc_df of and2 is
begin
  out1<=in1 and in2 AFTER delay;
end arc_df;
```

in1 1 ⌐⎺⎤ 3 out1
in2 2 ⌐⎽⎦
二输入与门

例4-1 二输入与门 VHDL 模型

例4-1 还可以使用进程的等价方式,如例4-2 所示。

```
library ieee;
use ieee.std_logic_1164.all;
entity and2 is
port(in1,in2 : in std_logic;
     out1 : out std_logic);
end and2;
architecture arc_df of and2 is
begin
process(in1,in2)
begin
  if in1='1' and in2='1' then
     out1<='1';
  else
     out1<='0';
  end if;
end process;
end arc_df;
```

例4-2 进程等价方式

图 4-21 所示为本例二输入与门的仿真波形。

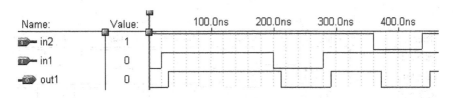

图 4-21 二输入与门的仿真波形

2. 二输入或门(OR Gate)

在该模型中计算两个输入信号 in1 和 in2 的逻辑或,输出结果为 out1,逻辑表达式为 out1

= in1 OR in2。例4-3 即为该逻辑门的 VHDL 模型。

```
library ieee;
use ieee.std_logic_1164.all;
entity or2 is
generic(delay: TIME);
port(in1,in2 : in std_logic;
     out1 : out std_logic);
end or2;
architecture arc_df of or2 is
begin
  out1<=in1 or in2 AFTER delay;
end arc_df;
```

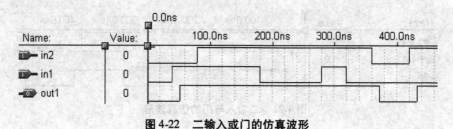

例4-3　二输入或门 VHDL 模型

例4-3 还可以使用进程的等价方式,如例4-4 所示。

```
library ieee;
use ieee.std_logic_1164.all;
entity or2 is
port(in1,in2 : in std_logic;
     out1 : out std_logic);
end or2;
architecture arc_df of or2 is
begin
process(in1,in2)
begin
  if in1='0' and in2='0' then
     out1<='0';
  else
     out1<='1';
  end if;
end process;
end arc_df;
```

例4-4　进程等价方式

图 4-22 所示为本例二输入或门的仿真波形。

图4-22　二输入或门的仿真波形

3. 反相器(Inverter)

在该模型中计算输入信号 in1 的逻辑非,输出结果为 out1,逻辑表达式为 out1 = NOT in1。

例 4-5 即为该逻辑门的 VHDL 模型。

```
library ieee;
use ieee.std_logic_1164.all;
entity inv is
port(in1 : in std_logic;
     out1 : out std_logic);
end inv;
architecture arc_df of inv is
begin
  out1<=NOT in1;
end arc_df;
```

in1 ——1—▷◦—2—— out1

非门

例 4-5　反相器 VHDL 模型

例 4-5 还可以使用进程的等价方式,如例 4-6 所示。

```
library ieee;
use ieee.std_logic_1164.all;
entity inv is
port(in1 : in std_logic;
     out1 : out std_logic);
end inv;
architecture arc_df of inv is
begin
process(in1)
begin
  out1<=NOT in1;
end process;
end arc_df;
```

例 4-6　进程等价方式

图 4-23 所示为本例非门的仿真波形。

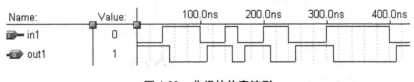

图 4-23　非门的仿真波形

实验二　基本组合逻辑电路的 VHDL 模型

1　实验目的

(1)掌握简单的 VHDL 程序设计。

(2)掌握用 VHDL 对基本组合逻辑电路的建模。

2 实验内容

分别设计并实现缓冲器、选择器、译码器、编码器的 VHDL 模型。

3 实验仪器

TD – CMA 型实验箱通用编程模块,配置模块,开关按键模块,LED 显示模块。

4 实验原理

1. 三态缓冲器

三态缓冲器(Tri-state Buffer)的作用是转换数据、增强驱动能力以及把功能模块与总线相连接。在使用总线互连方式时,与总线通信的器件通常要通过三态缓冲器与总线相连。如果缓冲器的使能端 en 为 1,则缓冲器的输入端 in1 的信号值被复制到输出端;如果缓冲器的使能端 en 为其他数值,则缓冲器的输出端为高阻态。三态缓冲器的输出端可以用线与的方式和其他缓冲器的输出端接在一起。例 4-7 给出了三态缓冲器的 VHDL 源代码模型。

```
library ieee;
use ieee.std_logic_1164.all;
entity tristatebuffer is
port(in1,en : in std_logic;
     out1 : out std_logic);
end tristatebuffer;
architecture arc_buffer of tristatebuffer is
begin
process(in1,en)
begin
  if en='1' then
    out1<=in1;
  else
    out1<='Z';
  end if;
end process;
end arc_buffer;
```

例 4-7   三态缓冲器 VHDL 模型

在 IEEE 的 1164 标准程序包中,用 Z 表示高阻态,现在的 EDA 综合工具一般都能根据这种描述综合得到三态器件。图 4-24 所示为本例中三态缓冲器的仿真波形。

2. 数据选择器(Multiplexer)

在数字系统设计时,需要从多个数据源中选择一个,这时就需要用到多路选择器。例 4-8 给出了四选一、被选择数字宽度为 3 的选择器 VHDL 源代码模型。

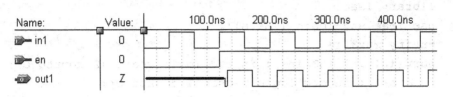

图 4-24 三态缓冲器的仿真波形

```
library ieee;
use ieee.std_logic_1164.all;
entity mux3 is
port(in1,in2,in3,in4 : in std_logic_vector(2 downto 0);
     sel : in std_logic_vector(1 downto 0);
     out1 : out std_logic_vector(2 downto 0));
end mux3;
architecture arc_mux of mux3 is
begin
  out1<=in1 when sel="00" else
        in2 when sel="01" else
        in3 when sel="10" else
        in4 when sel="11";
end arc_mux;
```

例 4-8   四选一、被选择数字宽度为 3 的选择器 VHDL 模型

在这个模型中,由于使用了条件赋值语句,所以写得很简短。上面的程序代码还可以改写为使用进程的等价方式,如例 4-9 所示。

```
library ieee;
use ieee.std_logic_1164.all;
entity mux3 is
port(in1,in2,in3,in4 : in std_logic_vector(2 downto 0);
     sel : in std_logic_vector(1 downto 0);
     out1 : out std_logic_vector(2 downto 0));
end mux3;
architecture arc_mux of mux3 is
begin
process(in1,in2,in3,in4,sel)
begin
case sel is
  when "00"=>out1<=in1;
  when "01"=>out1<=in2;
  when "10"=>out1<=in3;
  when "11"=>out1<=in4;
  when others=>out1<="XXXX";
end case;
end process;
end arc_mux;
```

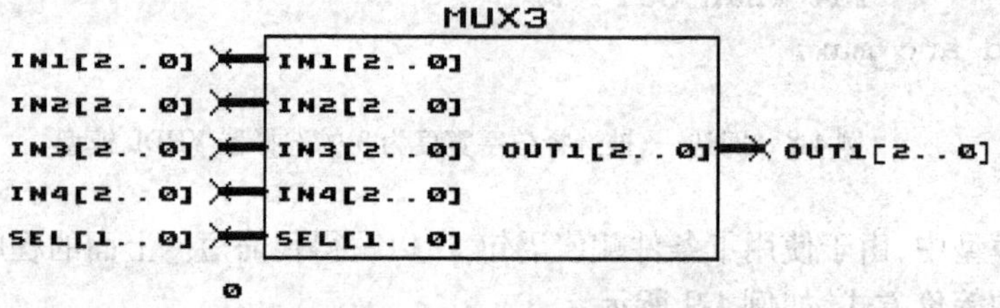

例4-9　进程等价方式

由于模型中使用了 std_logic 和 std_logic_vector 数据类型,sel 可能的数值不止四种,所以两种模型中都有一个分支来处理其他的数值。在综合的时候,EDA 工具一般都忽略这一分支。除了处理三态器件中的高阻态"Z"外,综合工具采用完全相同的方法来处理 std_logic 和 Bit 数据类型。图 4-25 所示为本例中多路选择器的仿真波形。

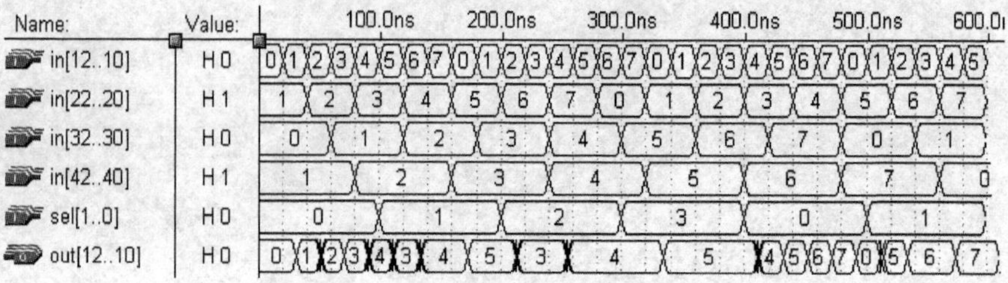

图 4-25　多路选择器的仿真波形

3. 译码器（Decoder）

译码器的输入为 N 位二进制代码，输出为 2^N 个表征代码原意的状态信号，即输出信号的 2^N 位中有且只有一位有效。常见的译码器用途是把二进制表示的地址转换为单线选择信号。例 4-10 为一个 3 – 8 译码器的 VHDL 源代码模型。

```vhdl
library ieee;
use ieee.std_logic_1164.all;
entity DECODER is
PORT(A,B,C: IN STD_LOGIC;
      Y: OUT STD_LOGIC_VECTOR(7 DOWNTO 0));
end DECODER;
architecture A of DECODER is
SIGNAL INDATA :STD_LOGIC_VECTOR(2 DOWNTO 0);
BEGIN
INDATA<=C&B&A;
PROCESS(INDATA)
BEGIN
CASE INDATA IS
WHEN "000"=>Y<="00000001";
WHEN "001"=>Y<="00000010";
WHEN "010"=>Y<="00000100";
WHEN "011"=>Y<="00001000";
WHEN "100"=>Y<="00010000";
WHEN "101"=>Y<="00100000";
WHEN "110"=>Y<="01000000";
WHEN "111"=>Y<="10000000";
WHEN OTHERS=>Y<="00000000";
END CASE;
END PROCESS;
end A;
```

例 4-10　3 – 8 译码器 VHDL 模型

图 4-26 所示为本例中 3 – 8 译码器的仿真波形。

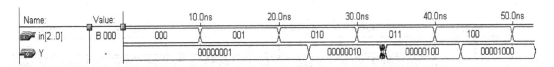

图 4-26　3 – 8 译码器的仿真波形

4. 编码器（Encoder）

编码器的行为是译码器行为的逆过程，它把 2^N 个输入转化为 N 位编码输出。有的编码器要求输入信号的各位中最多只有一位有效，且规定如果所有输入位全无效时，编码器输出指

161

定某个状态。编码器的用途很广，比如说键盘输入编码等。例 4-11 为一个 8 – 3 优先编码器的 VHDL 源代码模型。

```vhdl
library ieee;
use ieee.std_logic_1164.all;
entity encode is
port(
d: in std_logic_vector(7 downto 0);
ein : in std_logic;
a0n,a1n,a2n,gsn,eon : out std_logic);
end encode;
architecture behav of encode is
signal q : std_logic_vector(2 downto 0);
begin
a0n<=q(0);a1n<=q(1);a2n<=q(2);
process(d)
begin
if ein='1' then
q<="111";gsn<='1';eon<='1';
elsif d(7)='0' then
q<="000";gsn<='0';eon<='1';
elsif d(6)='0' then
q<="001";gsn<='0';eon<='1';
elsif d(5)='0' then
q<="010";gsn<='0';eon<='1';
elsif d(4)='0' then
q<="011";gsn<='0';eon<='1';
elsif d(3)='0' then
q<="100";gsn<='0';eon<='1';
elsif d(2)='0' then
q<="101";gsn<='0';eon<='1';
elsif d(1)='0' then
q<="110";gsn<='0';eon<='1';
elsif d(0)='0' then
q<="111";gsn<='0';eon<='1';
elsif d="11111111" then
q<="111";gsn<='1';eon<='0';
end if;
end process;
end behav;
```

ENCODE

D[7..0] ── D[7..0]   A0N ──✕ A0N
EIN ── EIN   A1N ──✕ A1N
                     A2N ──✕ A2N
                     GSN ──✕ GSN
                     EON ──✕ EON

8-3优先编码器

在这个模型中，为输入信号的各位设置了优先级，第7位优先级最高，第0位优先级最低。

例 4-11　8 – 3 优先编码器 VHDL 模型

图 4-27 所示为本例中 8 – 3 优先编码器的仿真波形。

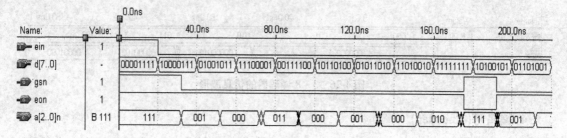

图 4-27　8 – 3 优先编码器的仿真波形

5 实验步骤

(1)在 Quartus 软件中新建文本文件,输入自己设计的 VHDL 程序代码、编译、仿真、锁定管脚并下载到目标芯片。

(2)用拨位开关作为输入,LED 作为输出,分别验证结果的正确性。

实验三 基本时序逻辑电路的 VHDL 模型

1 实验目的

(1)掌握简单的 VHDL 程序设计。
(2)掌握用 VHDL 对基本时序逻辑电路的建模。

2 实验内容

分别设计并实现锁存器、触发器、寄存器、计数器的 VHDL 模型。

3 实验仪器

TD – CMA 型实验箱通用编程模块,配置模块,时钟源模块,开关按键模块,LED 显示模块。

4 实验原理

1. 锁存器(Latch)

顾名思义,锁存器是用来锁存数据的逻辑单元。锁存器一般可以分成三种基本类型:电平锁存器、同步锁存器和异步锁存器。下面仅介绍电平锁存器的 VHDL 模型的描述方式。

电平锁存器一般用在多时钟电路,比如微处理器芯片中。电平锁存器的特点是常常有多路数据输入。例 4-12 为单输入电平锁存器的 VHDL 模型。

```
library ieee;
use ieee.std_logic_1164.all;
entity latch1 is
port(data,reset,s : in std_logic;
     q : out std_logic);
end latch1;
architecture arc_latch1 of latch1 is
begin
process(data,reset,s)
begin
  if reset='1' then
    q<='0';
  elsif s='1' then
    q<=data;
  end if;
end process;
end arc_latch1;
```

LATCH1

DATA ── DATA
RESET ── RESET   Q ── Q
S ── S

单输入电平锁存器

例4-12　单输入电平锁存器 VHDL 模型

　　当复位信号 reset 有效(高电平)时,锁存器 latch1 被复位,输出信号 q 为低电平;当复位信号 reset 无效(低电平)时,如果 s 信号为高电平,输出信号 q 输出输入端的值;当 s 信号为低电平时,latch1 的输出信号 q 保持原值,亦即数据锁存。图 4-28 所示为单输入电平锁存器的仿真波形。

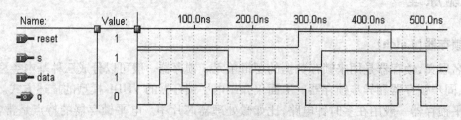

图 4-28　单输入电平锁存器的仿真波形

2. 触发器(Flip-flop)

　　触发器是最基本的时序电路单元,指的是在时钟沿的触发下,引起输出信号改变的一种时序逻辑单元。常见的触发器有三种:D 触发器、T 触发器和 JK 触发器。

1)D 触发器

　　D 触发器是最常用的触发器。按照有无复位信号和置位信号以及复位、置位信号与时钟是否同步,可以分为多种常见的 D 触发器模型。例4-13 为简单 D 触发器的 VHDL 模型。

```
LIBRARY IEEE;    --简单的D触发器;
USE IEEE.std_logic_1164.all;
ENTITY dff1 IS
PORT(d,clk : IN std_logic;
     q : OUT std_logic);
END dff1;
ARCHITECTURE behav OF dff1 IS
BEGIN
P1:PROCESS(clk)
BEGIN
IF(clk'EVENT AND clk='1') THEN
   Q<=d;
END IF;
END PROCESS P1;
END behav;
```

简单的D触发器

例 4-13　简单 D 触发器 VHDL 模型

D 触发器 dff1 是最简单的 D 触发器,没有复位和置位信号,在每个时钟信号 clk 的上升沿,输出信号 q 值为输入信号 d;否则,触发器 dff1 的输出信号 q 保持原值。图 4-29 所示为简单 D 触发器的仿真波形。

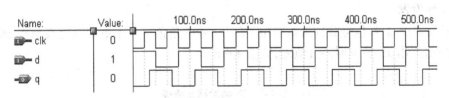

图 4-29　简单 D 触发器的仿真波形

2)T 触发器

T 触发器的特点是在时钟沿处输出信号发生翻转。按照有无复位、置位信号以及使能信号等,T 触发器也有多种类型。例 4-14 为带异步复位 T 触发器的 VHDL 模型。

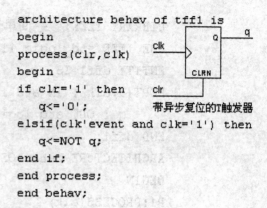

```
architecture behav of tff1 is
begin
process(clr,clk)
begin
if clr='1' then
    q<='0';
elsif(clk'event and clk='1') then
    q<=NOT q;
end if;
end process;
end behav;
```

带异步复位的T触发器

```
library ieee; --带异步复位的T触发器;
use ieee.std_logic_1164.all;
entity tff1 is
port(clr,clk : in std_logic;
     q : buffer std_logic);
end tff1;
```

例 4-14　带异步复位 T 触发器 VHDL 模型

tff1 是一个带有异步复位的 T 触发器。每当时钟信号 clk 或者复位信号 clr 有跳变时,进程被激活。如果此时复位信号 clr 有效(高电平),T 触发器 tff1 被复位,输出信号 q 为低电平;如果复位信号 clr 无效(低电平),而时钟信号 clk 出现上升沿,则 T 触发器 tff1 的输出信号 q 发生翻转;否则,输出信号 q 保持不变。图 4-30 所示为带异步复位 T 触发器的仿真波形。

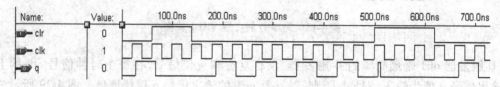

图 4-30　带异步复位 T 触发器的仿真波形

3)JK 触发器

JK 触发器中,J、K 信号分别扮演置位、复位信号的角色。为了更清晰地表示出 JK 触发器的工作过程,给出 JK 触发器的真值表,如表 4-4 所示。

表 4-4　JK 触发器真值表

J	K	CLK	Q^{n+1}
0	0	↑	Q^n
1	0	↑	1
0	1	↑	0
1	1	↑	NOT Q^n
×	×	↓	Q^n

按照有无复位(clr)、置位(prn)信号,常见的 JK 触发器也有多种类型,例 4-15 为基本 JK 触发器的 VHDL 模型。

166

```
library ieee;
use ieee.std_logic_1164.all;
entity jkff1 is
port(j,k,clk : in std_logic;
     q : out std_logic);
end jkff1;
architecture behav of jkff1 is
signal q_s : std_logic;
begin
process(j,k,clk)
variable temp : std_logic_vector(1 downto 0);
begin
temp:=j & k;
if clk'event and clk='1' then
case temp is
when "00"=>q_s<=q_s;
when "01"=>q_s<='0';
when "10"=>q_s<='1';
when "11"=>q_s<=NOT q_s;
when others=>q_s<='X';
end case;
end if;
end process;
q<=q_s;
end behav;
```

例 4-15 基本 JK 触发器 VHDL 模型

jkff1 是一个基本的 JK 触发器类型。在时钟上升沿,根据 j、k 信号,输出信号 q 作相应的变化。用 case 语句实现 if 条件语句,既简化了语句,又增加了效率。图 4-31 所示为基本 JK 触发器的仿真波形。

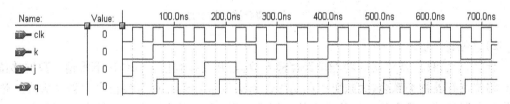

图 4-31 基本 JK 触发器的仿真波形

3. 寄存器(Register)

寄存器也是一种重要的基本时序电路。顾名思义,寄存器主要是用来寄存信号的值,包括标量和向量。在数字系统设计中,可将寄存器分成通用寄存器和移位寄存器。

1)通用寄存器

通用寄存器的功能是在时钟的控制下将输入数据寄存,在满足输出条件时输出数据。例 4-16 为通用寄存器的 VHDL 模型。

```
library ieee;  --通用寄存器;
use ieee.std_logic_1164.all;
ENTITY reg is
port(d : in std_logic_vector(7 downto 0);
     clk,enable : in std_logic;
     q : out std_logic_vector(7 downto 0));
end reg;
architecture behav of reg is
begin
process(clk)
begin
if(clk'event and clk='1') then
 if enable='1' then
    q<=d;
 end if;
end if;
end process
end behav;
```

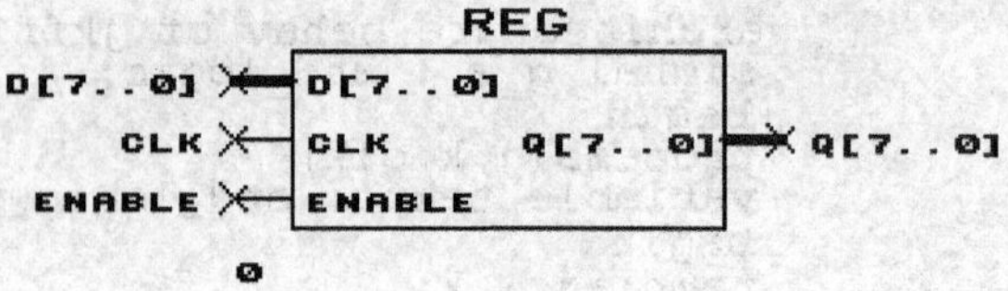

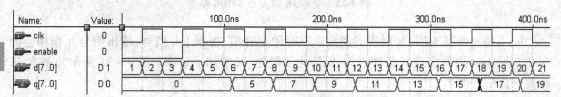

通用寄存器

例4-16　通用寄存器 VHDL 模型

reg 是一个通用寄存器,在时钟信号 clk 的上升沿,如果输出使能信号 enable 有效(高电平),则输入信号 d 送到寄存器中,输出信号 q 为输入信号 d 的值;否则输出信号 q 保持原值不变,亦即起到锁存数据的作用。图 4-32 所示为通用寄存器的仿真波形。

图4-32　通用寄存器的仿真波形

2)移位寄存器

顾名思义,移位寄存器的功能是寄存输入数据,并在控制信号的作用下将输入数据移位输出。移位寄存器种类繁多,大致可以归纳为逻辑移位寄存器和算术移位寄存器两大类。逻辑移位寄存器的特点是高位和低位移入的数据都为零;算术移位寄存器的特点是高位移入的数据为相应符号的扩展,低位移入的数据为零。例4-17 为简单移位寄存器的 VHDL 模型。

```vhdl
library ieee; --简单的移位寄存器;
use ieee.std_logic_1164.all;
entity shift is
port(d : in std_logic_vector(7 downto 0);
     clk : in std_logic;
     control : in std_logic_vector(2 downto 0);
     q : out std_logic_vector(7 downto 0));
end shift;
architecture behav of shift is
signal q_temp : std_logic_vector(7 downto 0);
begin
process(clk)
variable ctl : std_logic_vector(2 downto 0);
begin
ctl:=control;
if clk'event and clk='1' then
case ctl is
when "000"=>q_temp<=d;
when "001"=>q_temp<=d(6 downto 0)&'0';
when "010"=>q_temp<=d(5 downto 0)&"00";
when "011"=>q_temp<=d(4 downto 0)&"000";
when "100"=>q_temp<=d(3 downto 0)&"0000";
when "101"=>q_temp<=d(2 downto 0)&"00000";
when "110"=>q_temp<=d(1 downto 0)&"000000";
when "111"=>q_temp<=d(0)&"0000000";
when others=>q_temp<="XXXXXXXX";
end case;
end if;
end process;
q<=q_temp;
end behav;
```

169

简单的移位寄存器

例 4-17 简单移位寄存器 VHDL 模型

在每个时钟的上升沿,移位寄存器 shift 根据控制指令 control 将输入数据 d 逻辑左移相应位后输出。图 4-33 所示为简单移位寄存器的仿真波形。

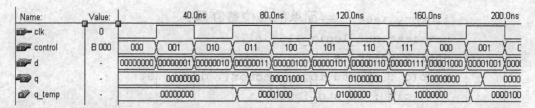

图4-33 简单移位寄存器的仿真图形

例4-18 为循环移位寄存器(cycle shift register)的 VHDL 模型。

```
library ieee;  --循环移位寄存器;
use ieee.std_logic_1164.all;
entity shift is
port(d : in std_logic_vector(7 downto 0);
    clk : in std_logic;
    control : in std_logic_vector(2 downto 0);
    q : out std_logic_vector(7 downto 0));
end shift;
architecture behav of shift is
signal q_temp : std_logic_vector(7 downto 0);
begin
process(clk)
variable ctl : std_logic_vector(2 downto 0);
begin
ctl:=control;
if clk'event and clk='1' then
case ctl is
when "000"=>q_temp<=d;
when "001"=>q_temp<=d(6 downto 0)&d(7);
when "010"=>q_temp<=d(5 downto 0)&d(7 downto 6);
when "011"=>q_temp<=d(4 downto 0)&d(7 downto 5);
when "100"=>q_temp<=d(3 downto 0)&d(7 downto 4);
when "101"=>q_temp<=d(2 downto 0)&d(7 downto 3);
when "110"=>q_temp<=d(1 downto 0)&d(7 downto 2);
when "111"=>q_temp<=d(0)&d(7 downto 1);
when others=>q_temp<="XXXXXXXX";
end case;
end if;
end process;
q<=q_temp;
end behav;
```

SHIFT

D[7..0]

CLK   Q[7..0]

CONTROL[2..0]

0

循环移位寄存器

例4-18 循环移位寄存器 VHDL 模型

在每个时钟的上升沿,循环移位寄存器 shift 根据控制指令 control 将输入数据 d 循环左移相应位后输出。图 4-34 所示为循环移位寄存器的仿真波形。

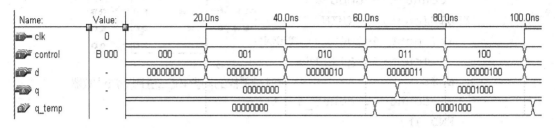

图 4-34　循环移位寄存器的仿真波形

4. 计数器(Counter)

计数器是数字系统中常用的时序电路,因为计数是数字系统的基本操作之一。计数器在控制信号下计数,可以带复位和置位信号。因此,按照复位、置位与时钟信号是否同步,可以将计数器分为同步计数器和异步计数器两种基本类型,每一种计数器又可以分为进行加计数和进行减计数两种。在 VHDL 描述中,加减计数用"+"和"-"表示。

同步计数器与其他同步时序电路一样,复位和置位信号都与时钟信号同步,在时钟沿跳变时进行复位和置位操作。例 4-19 为带时钟使能的同步 4 位二进制减法计数器的 VHDL 模型。

```
LIBRARY IEEE;--带时钟使能的同步4位二进制减法计数器;
use IEEE.STD_LOGIC_1164.ALL;
use ieee.std_logic_unsigned.all;
ENTITY count IS
PORT(clk,clr,en : IN STD_LOGIC;
     qa,qb,qc,qd : OUT STD_LOGIC);
END count;
ARCHITECTURE behav OF count IS
SIGNAL count_4 : STD_LOGIC_vector(3 DOWNTO 0);
BEGIN
  Qa<=count_4(0);
  Qb<=count_4(1);
  Qc<=count_4(2);
  Qd<=count_4(3);
PROCESS (clk,clr)
BEGIN
IF(clk'EVENT AND clk ='1') THEN
```

```
IF(clr='1') THEN
   Count_4<="0000";
ELSIF(en='1') THEN
   IF(count_4="0000") THEN
      count_4<="1111";
   ELSE
      count_4<=count_4-'1';
   END IF;
  END IF;
 END IF;
END PROCESS;
END behav;
```

COUNT

```
CLK ✗  ⎡ CLK    QA ⎤ ✗ QA
CLR ✗  ⎢ CLR    QB ⎥ ✗ QB
 EN ✗  ⎢ EN     QC ⎥ ✗ QC
       ⎣        QD ⎦ ✗ QD
            ○
```

带时钟使能的同步4位二进制减法计数器

例4-19   带时钟使能的同步 4 位二进制减法计数器 VHDL 模型

Count 是一个带时钟使能的同步 4 位二进制减法计数器,计数范围 F～0。每当时钟信号或者复位信号有跳变时激活进程。如果此时复位信号 clr 有效(高电平),计数器被复位,输出计数结果为 0;如果复位信号无效(低电平),而时钟信号 clk 出现上升沿,并且计数器的计数使能控制信号 en 有效(高电平),则计数器 count 自动减 1,实现减计数功能。图 4－35 所示为带时钟使能的同步 4 位二进制减法计数器的仿真波形。

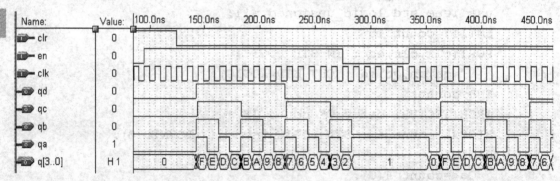

图 4-35   带时钟使能的同步 4 位二进制减法计数器的仿真波形

5   实验步骤

(1)在 Quartus 软件中新建文本文件,输入自己设计的 VHDL 程序代码、编译、仿真、锁定管脚并下载到目标芯片。

(2)将信号源模块第一全局时钟 GCLK1 跳线器接需要的时钟频率 CLK,拨位开关作为数据输入和控制信号输入,LED 作为锁存器、触发器、寄存器、计数器的输出,观察显示结果,验证程序的正确性。

实验四　有限状态机的设计

1　实验目的

（1）了解有限状态机的概念。
（2）掌握 Moore 型有限状态机的特点和其 VHDL 语言的描述方法。
（3）掌握 Mealy 型有限状态机的特点和其 VHDL 语言的描述方法。

2　实验内容

（1）绘制本实验中例 4-20 的状态转换图。
上机编写本实验中例 4-20 的 VHDL 程序,并进行实验验证程序的正确性。
（2）绘制本实验中例 4-21 的状态转换图。
上机编写本实验中例 4-21 的实验程序,并进行实验验证程序的正确性。

3　实验仪器

TD – CMA 型实验箱通用编程模块,配置模块,时钟源模块,开关按键模块,LED 显示
模块。

4　实验原理

任何数字系统都可以分为相互作用的控制单元(Control Unit)和数据通道(Data Path)两
部分。数据通道通常由组合逻辑构成,而控制单元通常由时序逻辑构成,任何时序电路都可以
表示为有限状态机(Finite State Machine,FSM)。在前面基本时序逻辑电路建模的基础上,本
实验主要介绍有限状态机实现复杂时序逻辑电路的设计。

数字系统控制部分的每一个部分都可以看作一种状态,与每一控制相关的转换条件指定
了状态的下一个状态和输出。根据有限状态机的输出与当前状态和当前输入的关系,可以将
有限状态机分成 Moore 型有限状态机和 Mealy 型有限状态机两种。从现实的角度来,这两种
状态机都可以实现同样的功能,但是它们的时序不同,选择使用哪种有限状态机要根据实际情
况进行具体分析。在本实验中将重点介绍 Moore 型有限状态机,而 Mealy 型有限状态机将在
实验二十三中进行具体的阐述。

（1）Moore 型有限状态机的输出只与有限状态机的当前状态有关,与输入信号的当前值无
关。在图 4-36 中描述了 Moore 型有限状态机。

Moore 型有限状态机在时钟 clock 脉冲的有效边沿后的有限个门延时后,输出达到稳定
值。即使在一个时钟周期内输入信号发生变化,输出也会在一个完整的时钟周期内保持稳定

173

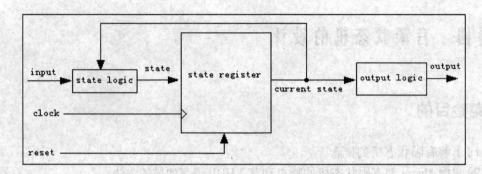

图 4-36　Moore 型有限状态机示意图

值而不变。输入对输出的影响要到下一个周期才能反映出来，Moore 型有限状态机最重要的特点就是将输入与输出信号隔离开来。

例 4-20 为一单进程 Moore 型有限状态机的 VHDL 语言描述。

```
library ieee;
use ieee.std_logic_1164.all;
entity moore is
port(datain : in std_logic_vector(1 downto 0);
     clk,clr : in std logic;
     q : out std_logic_vector(3 downto 0));
end moore;

architecture behav of moore is
type st_type is (st0,st1,st2,st3,st4);
signal c_st : st_type;
begin
process(clk,clr)
begin
if clr='1' then
   c_st<=st0;   q<="0000";
elsif clk'event and clk='1' then
   case c_st is
   when st0=>if datain="10" then c_st<=st1;
        else c_st<=st0; end if; q<="1001";
   when st1=>if datain="11" then c_st<=st2;
        else c_st<=st1; end if; q<="0101";
   when st2=>if datain="01" then c_st<=st3;
        else c_st<=st0; end if; q<="1100";
   when st3=>if datain="00" then c_st<=st4;
        else c_st<=st2; end if; q<="0010";
   when st4=>if datain="11" then c_st<=st0;
        else c_st<=st3; end if; q<="1001";
   when others=>c_st<=st0;
   end case;
end if;
end process;
end behav;
```

例 4-20　单进程 Moore 型有限状态机 VHDL 模型

174

例 4-20 是一个单进程的 Moore 型有限状态机,其特点是组合进程和时序进程在同一个进程中,此进程可以认为是一个混合进程。注意,在此进程中,CASE 语句处于测试时钟上升沿的 ELSIF 语句中,因此在综合时,对 Q 的赋值操作必然引进对 Q 锁存的锁存器。这就是说,此进程中能产生两组同步的时序逻辑电路,一组是状态机本身,另一组是由 CLK 作为锁存信号的 4 位锁存器,负责锁存输出数据 Q。与多进程的状态机相比,这个状态机结构的优势是输出信号不会出现毛刺现象。这是由于 Q 的输出信号在下一个状态出现时,由时钟上升沿锁入锁存器后输出,即有时序器件同步输出,从而很好地避免了竞争冒险现象。

从输出的时序上看,由于 Q 的输出信号要等到进入下一状态的时钟信号的上升沿进行锁存,即 Q 的输出信号在当前状态中由组合电路产生,而在稳定了一个时钟周期后在次态由锁存器输出,因此要比多进程状态机的输出晚一个时钟周期,这是此类状态机的缺点。图 4-37 所示为例 4-20 单进程 Moore 型有限状态机的工作时序。

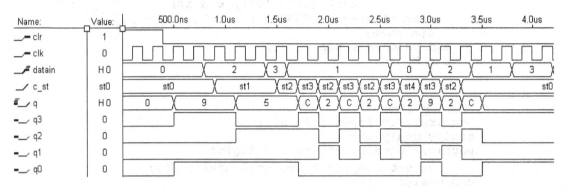

图 4-37　例 4-20 单进程 Moore 型有限状态机的工作时序

（2）Mealy 型有限状态机的输出不单与当前状态有关,而且还与输入信号的当前值有关。在图 4-38 中描述了 Mealy 型有限状态机。

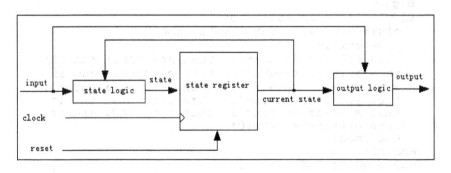

图 4-38　Mealy 型有限状态机示意图

Mealy 型有限状态机的输出直接受输入信号的当前值影响,而输入信号可能在一个时钟周期内的任意时刻发生变化,这使得 Mealy 型有限状态机对输入的响应发生在当前的时钟周期,比 Moore 型有限状态机对输入信号的响应要早一个周期。因此,输入信号的噪声可能影响正在输出的信号。

例 4-21 是一个两进程 Mealy 型有限状态机的例子。进程 COMREG 是时序与组合混合型进程,它将状态机的主控时序电路和主控状态译码电路同时用一个进程来表达。进程 COM1 负责根据当前输入状态和输入信号的变化给出不同的输出数据。

```
COM1: process(stx,datain) --输出控制信号的进程
begin
  case stx is
  when st0=>if datain='1' then q<="10000";
            else q<="01010"; end if;
  when st1=>if datain='0' then q<="10111";
            else q<="10100"; end if;
  when st2=>if datain='1' then q<="10101";
            else q<="10011"; end if;
  when st3=>if datain='0' then q<="11011";
            else q<="01001"; end if;
  when st4=>if datain='1' then q<="11101";
            else q<="01101"; end if;
  when others=>q<="00000";
  end case;
end process COM1;
end behav;


library ieee;
use ieee.std_logic_1164.all;
entity mealy is
port(clk,datain,clr: in std_logic;
     q: out std_logic_vector(4 downto 0));
end mealy;
architecture behav of mealy is
type state is (st0,st1,st2,st3,st4);
signal stx : state;
begin
COMREG: process(clk,clr) --决定转换状态的进程
begin
if clr='1' then stx<=st0;
  elsif clk'event and clk='1' then
  case stx is
  when st0=>if datain='1' then stx<=st1; end if;
  when st1=>if datain='0' then stx<=st2; end if;
  when st2=>if datain='1' then stx<=st3; end if;
  when st3=>if datain='0' then stx<=st4; end if;
  when st4=>if datain='1' then stx<=st0; end if;
  when others=>stx<=st0;
  end case;
end if;
end process COMREG;
```

例4-21　两进程 Mealy 型有限状态机 VHDL 模型

在例 4-21 中,由于输出信号是由组合逻辑电路直接产生的,所以可以从该状态机的工作时序(见图 4-39)上清楚的看到输出信号有许多毛刺。为了解决这个问题,可以考虑将输出信号 Q 值由时钟信号锁存后再输出。可以在例 4-21 的 COM1 进程中添加一个 IF 语句,由此产生一个锁存器,将 Q 锁存后再输出。但是如果实际电路的时间延迟不同,或发生变化,就会影响锁存的可靠性,即这类设计方式不能绝对保证不出现毛刺。比较保险的方式仍然是参照例

4-20 中单进程的描述方法。这个工作留给读者自行完成,此处不再加以说明。

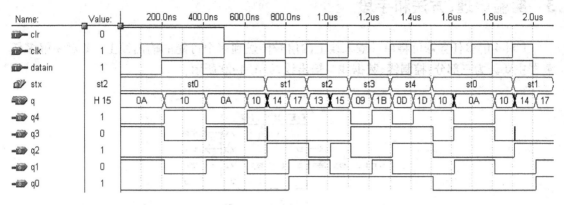

图 4-39　例 4-21 多进程 Mealy 型有限状态机的工作时序

5　实验步骤

(1)在 Quartus 软件中新建文本文件,输入例 4 – 20 的 VHDL 程序代码、编译、仿真、锁定管脚并下载到目标芯片。

(2)将信号源模块第一全局时钟 GCLK1 跳线器接需要的时钟频率 CLK,拨位开关作为数据输入和控制信号输入,LED 作为状态机输出,观察实验结果。

(3)在 Quartus 软件中新建文本文件,输入例 4 – 21 的 VHDL 程序代码、编译、仿真、锁定管脚并下载到目标芯片。

(4)将信号源模块第一全局时钟 GCLK1 跳线器接需要的时钟频率 CLK,拨位开关作为数据输入和控制信号输入,LED 作为状态机输出,观察实验结果。

实 验 五　1 对 4 解 多 任 务 器 设 计

1　实验目的

(1)掌握组合逻辑电路的设计方法。
(2)掌握 Quartus II VHDL 文本输入的方法。
(3)体会原理图输入法和文本输入法的不同。

2　实验内容

使用 Quartus II 软件,采用 VHDL 文本输入的方法设计一个 1 对 4 解多任务器。

3 实验原理、方法和手段

1 对 4 解多任务器可将单一输入线上的信号传送到多个可能的输出线上。1 对 4 解多任务器主要分为三部分:控制线、数据线与输出线,如图 4-40 所示。

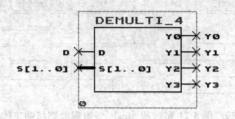

图 4-40　1 对 4 解多任务器

1 对 4 解多任务器有 2 条控制线($S1$、$S0$)、1 条数据线(D)、4 条输出线($Y0$、$Y1$、$Y2$、$Y3$)。
1 对 4 解多任务器真值表如表 4-5 所示。

表 4-5　1 对 4 解多任务器真值表

控制线		输出线			
$S1$	$S0$	$Y0$	$Y1$	$Y2$	$Y3$
0	0	D	0	0	0
0	1	0	D	0	0
1	0	0	0	D	0
1	1	0	0	0	D

布尔方程:$Y3 = S1 \cdot S0 \cdot D$
1 对 4 解多任务器的原理图如图 4-41 所示。

4 实验组织运行要求

(1)学生在进行实验前必须进行充分的预习,熟悉实验内容。
(2)学生拟定实验方案,编写相应的程序。
(3)学生严格遵守实验室的各项规章制度,注意人身和设备安全,配合和服从实验室人员管理。
(4)教师在学生实验过程中予以必要的辅导,学生独立完成实验。
(5)采用集中授课形式。

5 实验条件

(1)提供一台具有 Windows 98/2000/NT/XP 操作系统的计算机。

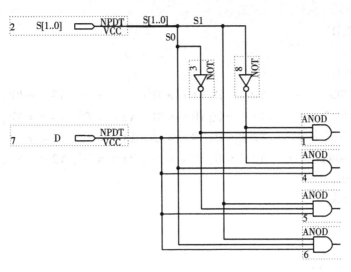

图 4-41　1 对 4 解多任务器原理图

（2）提供 Quartus II 程序设计环境。

6　实验步骤

（1）点击"Quartus II"菜单下的"Text Editor file"菜单项，调用 Quartus II 文本编辑器，输入程序。

（2）点击"Quartus II"菜单下的"Compiler"菜单项，调用编辑器，对输入的逻辑电路进行编译。

（3）点击"Quartus II"菜单下的"Waveform Editor"菜单项，调用波形编辑器，生成波形图，并点击"Node"菜单下的"Enter Nodes form SNF"菜单项，对波形图中的输入输出节点进行设置。

（4）点击"Quartus II"菜单下的"Simulator"菜单项，进行仿真，在生成的波形图上反映仿真结果。

7　思考题

读懂以下程序，并填写空格。

```
LIBRARY IEEE;
USE IEEE. STD _ LOGIC _ 1164. ALL；
ENTITY demulti _ 4　IS
    PORT( D        ：IN STD _ LOGIC；
          S：IN    STD _ LOGIC _ VECTOR( 1 downto 0)；
          Y0,Y1,Y2,Y3    ：OUT STD _ LOGIC)；
END demulti _ 4；
ARCHITECTURE ex2 OF demulti _ 4 IS
```

```
BEGIN
PROCESS(S,D)
BEGIN
    CASE S IS
    WHEN "00" = >      Y0 < = D;Y1 < = '0'; Y2 < = '0'; Y3 < = '0';
    WHEN "01" = >      Y1 < = D;Y0 < = '0'; Y2 < = '0'; Y3 < = '0';
    WHEN "10" = >      Y2 < = D;Y0 < = '0'; Y1 < = '0'; Y3 < = '0';
    WHEN others = >    Y3 < = D;Y0 < = '0'; Y1 < = '0'; Y2 < = '0';
    END CASE;
END PROCESS;
END ex2;
```

8　实验报告要求

(1)实验前预习实验的原理、内容以及步骤。

(2)截取仿真图形,并给出必要说明。

(3)在调试过程中若出现问题,说明是何原因以及如何解决。

(4)简要总结原理图输入与文本输入法的不同。

实验六　全加器

1　实验目的

(1)掌握全加器的原理和功能。

(2)学会使用 Quartus II 设计全加器。

2　实验内容

使用 Quartus II 软件,采用 VHDL 文本输入的方法设计一个全加器,调试程序并仿真结果。

3　实验原理、方法和手段

由于半加器无法处理进位的问题,因此必须使用到全加器(见图 4-42)。当两个二进制数相加时,较高的高位相加时必须加入较低位的进位项,以得到输出为和(Sum)和进位(Carry),因此有三个输入项,而输出同样为两项。

端口:输入线端口 3 个,A、B、CI;

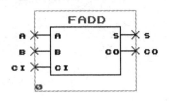

图 4-42　全加器

输出线端口 2 个,S、CO。

布尔方程式:$S = A \oplus B \oplus C_i$

$C = A \cdot B + B \cdot C_i + A \cdot C_i$

4　实验组织运行要求

(1)学生在进行实验前必须进行充分的预习,熟悉实验内容。

(2)学生拟定实验方案,编写相应的程序。

(3)学生严格遵守实验室的各项规章制度,注意人身和设备安全,配合和服从实验室人员管理。

(4)教师在学生实验过程中予以必要的辅导,学生独立完成实验。

(5)采用集中授课形式。

5　实验条件

(1)提供一台具有 Windows 98/2000/NT/XP 操作系统的计算机。

(2)提供 Quartus II 程序设计环境。

6　实验步骤

(1)点击"Quartus II"菜单下的"Text Editor File"菜单项,调用 Quartus II 文本编辑器,输入程序。

(2)点击"Quartus II"菜单下的"Compiler"菜单项,调用编辑器,对输入的逻辑电路进行编译。

(3)点击"Quartus II"菜单下的"Waveform Editor"菜单项,调用波形编辑器,生成波形图,并点击"Node"菜单下的"Enter Nodes form SNF"菜单项,对波形图中的输入输出节点进行设置。

(4)点击"Quartus II"菜单下的"Simulator"菜单项,进行仿真,在生成的波形图上反映仿真结果。

7 思考题

读懂以下程序,并填写空格。

```
    LIBRARY ieee;
USE ieee. std _ logic _ 1164. all;
USE ieee. std _ logic _ unsigned. all;
ENTITY fadd IS
    PORT (A, B, Ci: IN   STD _ LOGIC;
         S, Co    : OUT STD _ LOGIC);
END fadd;
ARCHITECTURE ex3 OF fadd IS
  BEGIN
    S < = A xor B   xor Ci;
    Co < = co < = ((a AND b) OR ((a XOR b) AND ci));
END ex3;
```

8 实验报告要求

(1)实验前预习实验的原理、内容以及步骤。
(2)截取仿真图形,并给出必要说明。
(3)在调试过程中若出现问题,说明是何原因以及如何解决。
(4)简要总结原理图输入与文本输入法的不同。

实验七 四位加减法器

1 实验目的

(1)掌握四位加减法器的原理和功能。
(2)学会使用 Quartus II 设计四位加法器。

2 实验内容

使用 Quartus II 软件,采用 VHDL 文本输入的方法设计一个四位加减法器,调试程序并仿真结果。

3　实验原理、方法和手段

二进制的加减法,其位数是由左至右排列,最低有效位在最右边,最高有效位在最左边,并行相加、串行进位的方式来完成,即任 1 位的加法运算必须在低 1 位的运算完成之后才能进行。

四位加法器的结构如图 4-43 所示。

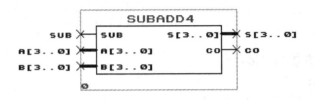

图 4-43　四位加法器

四位加法器的数据端口有:输入数据线端口 8 个(A3、A2、A1、A0、B3、B2、B1、B0),输出线端口 5 个(Cout、S3、S2、S1、S0)。

其布尔方程式:

$$S = A \oplus B \oplus C_i \qquad C = A \cdot B + B \cdot C_i + A \cdot C_i$$

SUB 为控制端。

4　实验组织运行要求

(1)学生在进行实验前必须进行充分的预习,熟悉实验内容。

(2)学生拟定实验方案,编写相应的程序。

(3)学生严格遵守实验室的各项规章制度,注意人身和设备安全,配合和服从实验室人员管理。

(4)教师在学生实验过程中予以必要的辅导,学生独立完成实验。

(5)采用集中授课形式。

5　实验条件

(1)提供一台具有 Windows 98/2000/NT/XP 操作系统的计算机。

(2)提供 Quartus II 程序设计环境。

6　实验步骤

(1)点击"Quartus II"菜单下的"Text Editor File"菜单项,调用 Quartus II 文本编辑器,输入程序。

183

（2）点击"Quartus II"菜单下的"Compiler"菜单项，调用编辑器，对输入的逻辑电路进行编译。

（3）点击"Quartus II"菜单下的"Waveform Editor"菜单项，调用波形编辑器，生成波形图，并点击"Node"菜单下的"Enter Nodes form SNF"菜单项，对波形图中的输入输出节点进行设置。

（4）点击"Quartus II"菜单下的"Simulator"菜单项，进行仿真，在生成的波形图上反映仿真结果。

7 思考题

读懂以下程序，并填写空格。

```
LIBRARY IEEE;
USE IEEE. STD _ LOGIC _ 1164. ALL;
USE IEEE. STD _ LOGIC _ unsigned. ALL;

ENTITY addsub4 IS
    PORT (Add      : IN     STD _ LOGIC;
        A,B: INSTD _ LOGIC _ VECTOR(3 DOWNTO 0);
        S          : OUTSTD _ LOGIC _ VECTOR(3 DOWNTO 0);
         Co        : OUT    STD _ LOGIC
        );
END addsub4 ;

ARCHITECTURE ex4 OF addsub4 IS
SIGNAL temp:STD _ LOGIC _ VECTOR(4 DOWNTO 0);
BEGIN
  PROCESS( Add ,A ,B)
    BEGIN
      IF Add = '0' THEN
          temp  < = A – B;
      ELSE
          temp < =              ;
      END IF;
    S < = temp(3 downto 0);
    Co < = temp(4);
    END PROCESS;
END;
```

8　实验报告要求

（1）实验前预习实验的原理、内容以及步骤。
（2）截取仿真图形，并给出必要说明。
（3）在调试过程中若出现问题，说明是何原因以及如何解决。

实验八　状态机

1　实验目的

（1）掌握时序逻辑电路的设计方法。
（2）掌握状态机的组成及工作原理。

2　实验内容

使用 Quartus II 软件，采用 VHDL 文本输入的方法设计一个状态机，调试程序并仿真结果。

3　实验原理、方法和手段

状态机是一个序向电路，其输出状态按一定规则的方式循环。本实验的状态机为两个状态的状态机（见图 4-44）。

图 4-44　二状态状态机

其输入线端口有 3 个（Qin、clk、reset），输出线端口有 1 个（Yout）。
真值表如表 4-6 所示。

185

表4-6 真值表

上次状态	控制线			输出状态	输出线
	clk	reset	Qin		Yout
×	×	1	×	S0	0
S0	↑	0	1	S1	1
S0	↑	0	0	S1	1
S1	↑	0	1	S0	0
S1	↑	0	0	S1	1

4 实验组织运行要求

（1）学生在进行实验前必须进行充分的预习，熟悉实验内容。

（2）学生拟定实验方案，编写相应的程序。

（3）学生严格遵守实验室的各项规章制度，注意人身和设备安全，配合和服从实验室人员管理。

（4）教师在学生实验过程中予以必要的辅导，学生独立完成实验。

（5）采用集中授课形式。

5 实验条件

（1）提供一台具有 Windows 98/2000/NT/XP 操作系统的计算机。

（2）提供 Quartus II 程序设计环境。

6 实验步骤

（1）点击"Quartus II"菜单下的"Text Editor File"菜单项，调用 Quartus II 文本编辑器，输入程序。

（2）点击"Quartus II"菜单下的"Compiler"菜单项，调用编辑器，对输入的逻辑电路进行编译。

（3）点击"Quartus II"菜单下的"Waveform Editor"菜单项，调用波形编辑器，生成波形图，并点击"Node"菜单下的"Enter Nodes form SNF"菜单项，对波形图中的输入输出节点进行设置。

（4）点击"Quartus II"菜单下的"Simulator"菜单项，进行仿真，在生成的波形图上反映仿真结果。

7 思考题

读懂以下程序，并填写空格。

```
LIBRARY ieee;
USE ieee. std _ logic _ 1164. all;
ENTITY state IS
    PORT( clk, reset, Qin: INSTD _ LOGIC;
            Yout              : OUTSTD _ LOGIC);
END state ;
ARCHITECTURE ex5 OF state IS
    TYPE STATE _ TYPE IS (S0, S1);
    SIGNAL state: STATE _ TYPE;
BEGIN
    PROCESS ( clk)
    BEGIN
        IF reset = '1' THEN state < = S0;
        ELSIF clk'EVENT AND clk = '1' THEN
          CASE state IS
              WHEN S0 = >
                state < = S1;
              WHEN others = >
                IF ( Qin = '1') THEN
                    state < = S0;
                ELSEIF ( Qin = '0') THEN
                State < = S1;
                END IF;
            END CASE;
        END IF;
    END PROCESS;
    WITH state SELECT
        Yout < = '0' WHEN S0,
                '1' WHEN S1;
END ex5;
```

187

8 实验报告要求

(1)实验前预习实验的原理、内容以及步骤。

(2)截取仿真图形,并给出必要说明。

(3)在调试过程中若出现问题,说明是何原因以及如何解决。

(4)简要总结原理图输入与文本输入法的不同。

实验九　十进制计数器

1　实验目的

（1）掌握十进制计数器的原理和功能。
（2）使用 Quartus II 设计十进制计数器。

2　实验内容

使用 Quartus II 软件,采用 VHDL 文本输入的方法设计一个十进制计数器,调试程序并仿真结果。

3　实验原理、方法和手段

十进制计数器(见图 4-45)是日常生活中最方便使用的计数器,它也是以二进制自然数顺序计数的。

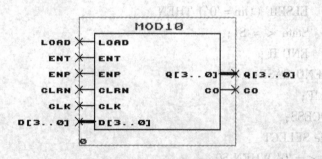

图 4-45　十进制计数器

其脚位有:控制线端口 5 个(Clrn、Ent、Enp、Load、Clk)、数据输入线端口 4 个(D3、D2、D1、D0)、数据输出线端口 4 个(Q3、Q2、Q1、Q0)、串接进位线端口 1 个(Co = Q3 AND Q0 AND Ent)。

真值表如表 4-7 所示。

表 4-7　真值表

Clk	Clrn	Load	Enable		D[3..0]				Q[3..0]			
			Ent	Enp	D3	D2	D1	D0	Q3	Q2	Q1	Q0
↑	0	×	×	×	×	×	×	×	0	0	0	0

Clk	Clrn	Load	Enable		D[3..0]				Q[3..0]			
			Ent	Enp	D3	D2	D1	D0	Q3	Q2	Q1	Q0
↑	1	0	×	×	A	B	C	D	A	B	C	D
↑	1	1	0	1	×	×	×	×	Q(不变)			
↑	1	1	1	0	×	×	×	×	Q(不变)			
↑	1	1	1	1	×	×	×	×	Q = Q + 1（最大为"1001"）			

4　实验组织运行要求

（1）学生在进行实验前必须进行充分的预习,熟悉实验内容。

（2）学生拟定实验方案,编写相应的程序。

（3）学生严格遵守实验室的各项规章制度,注意人身和设备安全,配合和服从实验室人员管理。

（4）教师在学生实验过程中予以必要的辅导,学生独立完成实验。

（5）采用集中授课形式。

5　实验条件

（1）提供一台具有 Windows 98/2000/NT/XP 操作系统的计算机。

（2）提供 Quartus II 程序设计环境。

6　实验步骤

（1）点击"Quartus II"菜单下的"Text Editor File"菜单项,调用 Quartus II 文本编辑器,输入程序。

（2）点击"Quartus II" 菜单下的"Compiler"菜单项,调用编辑器,对输入的逻辑电路进行编译。

（3）点击"Quartus II"菜单下的"Waveform Editor"菜单项,调用波形编辑器,生成波形图,并点击"Node"菜单下的"Enter Nodes form SNF"菜单项,对波形图中的输入输出节点进行设置。

（4）点击"Quartus II"菜单下的"Simulator"菜单项,进行仿真,在生成的波形图上反映仿真结果。

7　思考题

读懂以下程序,并填写空格。

library ieee;

```
use ieee. std _ logic _ 1164. all;
use ieee. std _ logic _ unsigned. all;

entity ex6 is
    port( Load, Ent, Enp, Clrn, Clk : In std _ logic;
            D   : in std _ logic _ vector( 3 downto 0);
            Q   : out std _ logic _ vector( 3 downto 0);
            C0 : out std _ logic );
end ex6;

architecture a of ex6 is
begin
    process( Clk)
        variable tmp : std _ logic _ vector( 3 downto 0);
        begin
        if( Clk'event and Clk = '1') then
            if Clrn = '0' then tmp: = "0000";
            else if Load = '0' then tmp: = D;
            else if( Ent and Enp) = '1' then
                    if tmp = "1001" then tmp: = "0000";
                    else Q < = Q + 1;
                    end if;
                end if;
            end if;
        end if;
    Q < = tmp; C0 < = ( tmp( 0) and tmp( 3) and Ent);
end if;
end process;
end a;
```

8 实验报告要求

(1)实验前预习实验的原理、内容以及步骤。

(2)截取仿真图形,并给出必要说明。

(3)在调试过程中若出现问题,说明是何原因以及如何解决。

实 验 十 具 有 控 制 线 的 串 行 输 入 移 位 寄 存 器

1 实验目的

(1)掌握串行输入移位寄存器的原理和功能。
(2)使用 Quartus II 设计串行输入移位寄存器。

2 实验内容

使用 Quartus II 软件,采用 VHDL 文本输入的方法设计一个具有控制线的串行输入移位寄存器,调试程序并仿真结果。

3 实验原理、方法和手段

串行输入移位寄存器(见图 4-46)是以串行的方式将数据每次移动一个位。

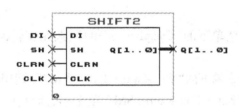

图 4-46 串行输入移位寄存器

其输入输出端口有:控制线端口 3 条(Clrn、Sh、Clk)、数据输入线一条(Di)、数据输出线两条(Q(1),Q(0))。

真值表如表 4-8 所示。

表 4-8 真值表

控制线			数据	输出	
Clk	Clrn	Sh	Di	Q(1)	Q(0)
×	0	×	×	0	0
↑	1	1	1	1	Q(1)
↑	1	1	0	0	Q(1)
↑	1	0	×	Q(1)	Q(0)

4 实验组织运行要求

（1）学生在进行实验前必须进行充分的预习，熟悉实验内容。

（2）学生拟定实验方案，编写相应的程序。

（3）学生严格遵守实验室的各项规章制度，注意人身和设备安全，配合和服从实验室人员管理。

（4）教师在学生实验过程中予以必要的辅导，学生独立完成实验。

（5）采用集中授课形式。

5 实验条件

（1）提供一台具有 Windows 98/2000/NT/XP 操作系统的计算机。

（2）提供 Quartus II 程序设计环境。

6 实验步骤

（1）点击"Quartus II"菜单下的"Text Editor File"菜单项，调用 Quartus II 文本编辑器，输入程序。

（2）点击"Quartus II"菜单下的"Compiler"菜单项，调用编辑器，对输入的逻辑电路进行编译。

（3）点击"Quartus II"菜单下的"Waveform Editor"菜单项，调用波形编辑器，生成波形图，并点击"Node"菜单下的"Enter Nodes form SNF"菜单项，对波形图中的输入输出节点进行设置。

（4）点击"Quartus II"菜单下的"Simulator"菜单项，进行仿真，在上面生成的波形图上反映仿真结果。

7 思考题

读懂以下程序，并填写空格。

```
LIBRARY ieee;
USE ieee. std _ logic _ 1164. all;
ENTITY shift2 IS
    PORT( Di,Sh,Clrn,clk: INSTD _ LOGIC;
        Q: OUT    STD _ LOGIC _ VECTOR(1 downto 0));
END shift2;


ARCHITECTURE ex5 OF shift2 IS
```

```
signal  temp：STD _ LOGIC _ vector( 1 downto 0) ;
  BEGIN
    PROCESS( clk )
      BEGIN
       IF Clrn = '0'   THEN temp < = "00";
      ELSE
      IF ( clk'event AND clk = '1' ) THEN
      IF Sh = '1' THEN temp( 0 ) < = temp( 1 ) ;
                         temp( 1 ) < = Di ;
          END IF;
          END IF;
          END IF;
      END PROCESS;
  Q < = temp;
END ex5;
```

8 实验报告要求

(1)实验前预习实验的原理、内容以及步骤。
(2)截取仿真图形并给出必要说明。
(3)在调试过程中若出现问题,说明是何原因以及如何解决。

实 验 十 一   综 合 电 路 设 计

1 实验目的

(1)掌握数字钟的组成和各部分工作原理。
(2)掌握使用 Quartus II 进行综合设计的方法。

2 实验内容

使用 Quartus II 软件,采用 VHDL 文本输入的方法设计一个数字钟,调试程序并仿真结果。

3 实验原理、方法和手段

用 VHDL 编辑的方法设计一个数字钟,具有时、分、秒、计数显示功能,以 12 小时循环计时。数字钟的秒针部分由 60 进制计数器组成,分针部分亦由 60 进制计数器组成,时针部分由 12 进制计数器组成。

数字钟(见图 4-47)的输入输出端口分配如下。

时钟脉冲输入端:CLK。

预置控制端:LDN。

清除端:CLRN。

使能断:EN。

数据预置端:SA,SB,MA,MB,HA,HB。

输出端:OUTSA,OUTSB,OUTMA,OUTMB,OUTHA,OUTHB。

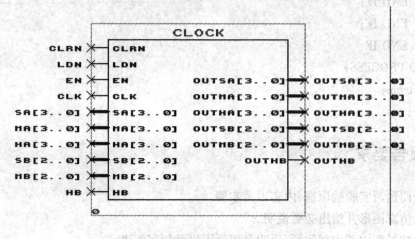

图 4-47 数字钟

4 实验组织运行要求

(1)学生在进行实验前必须进行充分的预习,熟悉实验内容。

(2)学生拟定实验方案,编写相应的程序。

(3)学生严格遵守实验室的各项规章制度,注意人身和设备安全,配合和服从实验室人员管理。

(4)教师在学生实验过程中予以必要的辅导,学生独立完成实验。

(5)采用集中授课形式。

5 实验条件

(1)提供一台具有 Windows 98/2000/NT/XP 操作系统的计算机。

(2)提供 Quartus II 程序设计环境。

6 实验步骤

(1)点击"Quartus II"菜单下的"Text Editor File"菜单项,调用 Quartus II 文本编辑器,输入程序。

(2)点击"Quartus II"菜单下的"Compiler"菜单项,调用编辑器,对输入的逻辑电路进行编译。

(3)点击"Quartus II"菜单下的"Waveform Editor"菜单项,调用波形编辑器,生成波形图,并点击"Node"菜单下的"Enter Nodes form SNF"菜单项,对波形图中的输入输出节点进行设置。

(4)点击"Quartus II"菜单下的"Simulator"菜单项,进行仿真,在生成的波形图上反映仿真结果。

7 思考题

(1)在 VHDL 设计中,给时序电路清零(复位)有两种方法,它们分别是什么?
(2)说明信号和变量的功能特点以及应用上的异同点。

8 实验报告要求

(1)实验前预习实验的原理、内容以及步骤。
(2)设计的数字钟源程序。
(3)实验结果应附有截取的仿真波形图并给必要的说明。
(4)设计过程中若遇到问题,说明问题的原因以及解决的方法。

实验十二 基于 RISC 技术的模型计算机设计实验

1 实验目的

(1)了解精简指令系统计算机(RISC)和复杂指令系统计算机(CISC)的体系结构特点和区别。前面组成原理部分的"复杂模型机"是基于复杂指令系统(CISC)设计的模型机,本书中所提到的复杂指令系统计算机可参照组成原理部分的"复杂模型机"来理解。

(2)掌握 RISC 处理器的指令系统特征和一般设计原则。

2 实验设备

PC 机一台, TD - CMA 实验系统一套。

3 实验原理

1. 指令系统设计

本实验采用 RISC 思想设计的模型机选用常用的五条指令 MOV、ADD、LOAD、STORE 和 JMP 作为指令系统,寻址方式采用寄存器寻址及直接寻址两种方式。指令格式采用单字节及双字节两种格式。

(1)单字节指令(MOV、ADD、JMP)格式如下:

7 6 5 4	3 2	1 0
OP-CODE	RS	RD

其中,OP-CODE 为操作码,RS 为源寄存器,RD 为目的寄存器,并有以下规定。

RS 或 RD	选定的寄存器
00	R0
01	R1
10	R2
11	A

(2)双字节指令(LOAD、SAVE)格式如下:

7 6 5 4(1)	3 2(1)	1 0(1)	7～0(2)
OP-CODE	RS	RD	P

其中,括号中的 1 表示指令的第一字节,2 表示指令的第二字节,OP-CODE 为操作码,RS 为源寄存器,RD 为目的寄存器,P 为操作目标的地址,占用一个字节。

根据上述指令格式,表4-9 列出了本模型机的五条机器指令的具体格式、汇编符号和指令功能。

表4-9 指令描述

助记符号	指令格式				指令功能
MOV RS RD	0000	RS	RD		RS→RD
ADD RS RD	0001	RS	RD		RD + RS→RD
JMP RS	0010	RS			RS→PC
LOAD RD	0011	*	RD	P	[P]→RD
STORE RS	0100	RS	*	P	RS→[P]

2. RISC 处理器的模型计算机系统设计

本处理器的时钟及节拍电位如图 4-48 所示,数据通路图如图 4-49 所示,其指令周期流程图如图 4-50 所示。在通路中除控制器单元由 CPLD 单元来设计实现外,其他单元全是由这里实验系统上的单元电路来实现的。

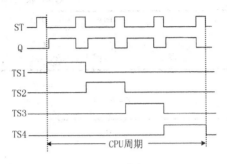

图 4-48　时序图

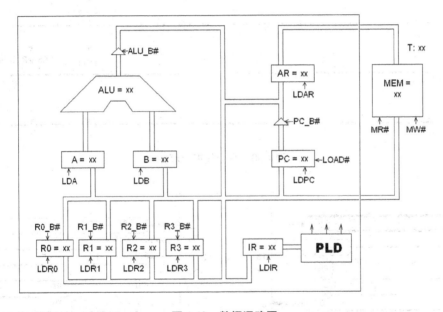

图 4-49　数据通路图

3. 控制器设计

(1)数据通路图中的控制器部分需要在 CPLD 中设计。

(2)用 VHDL 语言设计 RISC 子模块的功能描述程序,顶层原理图如图 4-51 所示。

4　实验步骤

(1)编辑、编译所设计 CPLD 芯片的程序,其引脚可配置如图 4-52 所示。

(2)关闭实验系统电源,把时序与操作台单元的"MODE"短路块短接、"SPK"短路块断开,使系统工作在四节拍模式,按图 4-53 连接实验电路。

运行微程序

T1	S1 PC->AR
T2	RAM->IR

T3   MOV   ADD   JMP   LOAD   SAVE

	MOV	ADD	JMP	LOAD	SAVE
T3	RS->RD PC+1	RS->B PC+1	RS->PC	PC+1	PC+1
T4		ALU->RD	S1	PC->AR	PC->AR
T1	S1	S1		RAM->AR	RAM->AR
T2					RS->RD
T3				PC+1	RS->RAM PC+1
T4				S1	S1

图 4-50 指令周期流程图

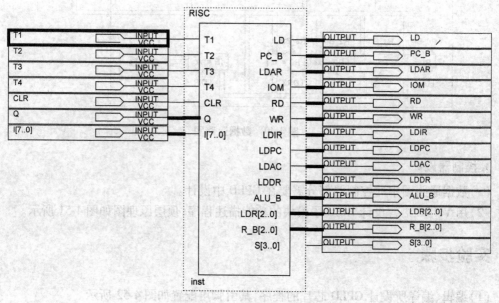

图 4-51 顶层模块图

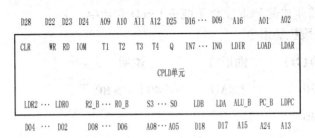

图 4-52　引脚配置图

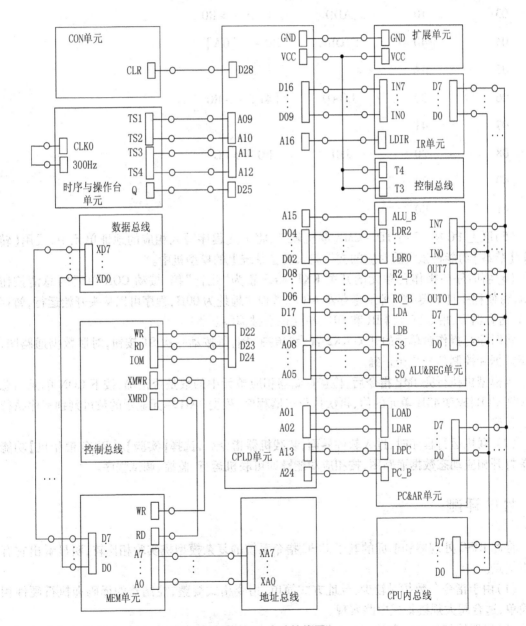

图 4-53　实验接线图

199

（3）打开电源，将生成的 POF 文件下载至 CPLD 芯片中。

（4）编写如下一段机器指令。

地址（H）	内容（H）	助记符	说明
00	30	LOAD	[40] – > R0
01	40		
02	03	MOV	R0 – > A
03	10	ADD	R0 + A – > R0
04	40	STORE	R0 – > [0A]
05	0A		
06	30	LOAD	[41] – > R0
07	41		
08	20	JMP	R0 – > PC
40	34		
41	00		

（5）联上 PC 机，运行 TD – CMA 联机软件，将上述程序写入相应的地址单元中，或用【转储】/【装载】功能将该实验对应的文件载入实验系统上的模型机中。

（6）将时序与操作台单元的开关 KK1、KK3 置为"运行"挡，按动 CON 单元的总清按钮 CLR，将使程序计数器 PC、地址寄存器 AR 和微程序地址为 00H，程序可以从头开始运行，暂存器 A、暂存器 B、指令寄存器 IR 和 OUT 单元也会被清零。

将时序与操作台单元的开关 KK2 置为"单拍"挡，每按动一次 ST 按钮，对照数据通路图，分析数据和控制信号是否正确。

当模型机执行完 JMP 指令后，检查存储器相应单元中的数是否正确，按下 CON 单元的总清按钮 CLR，改变 40H 单元的值，再次执行机器程序，根据 0AH 单元显示的数可判别程序执行是否正确。

（7）联机运行程序时，进入软件界面，装载机器指令后，选择【实验】/【RISC 模型机】功能菜单打开相应动态数据通路图，按相应功能键即可联机运行、监控、调试程序。

5　性能评测

将此 RISC 处理器和前面的基于 CISC 指令系统的复杂模型机实验相比较，明显看出它有以下优点。

（1）由于指令条数相对较少，寻址方式简单，指令格式规整，控制器的译码和执行硬件相对简单，适合超大规模集成电路实现。

（2）机器执行的速度和效率大大提高。如上面的那段机器指令在本处理器中执行完需 9 个机器周期；而前面的复杂模型机实验中，需 34 个机器周期才能完成。

实验十三　基于重叠技术的模型计算机设计实验

1　重叠的基本思想及实现

一条指令的执行过程可以分为多个阶段,一般可以把它们归并为取指令、分析和执行三个阶段。其中,"取指令"就是按指令计数器的内容访问主存储器,取出一条指令送到指令寄存器;"分析"是指对指令的操作码进行译码,按照给定的寻址方式和地址字段中的内容形成操作数的地址,并用这个地址读取操作数,操作数可能在主存储器中,也可能在寄存器中;"执行"是根据操作码的要求,完成指令规定的功能,在此期间要把运算结果写到寄存器或主存储器中。下面为了便于分析,把指令的执行过程分为两个步骤:取指令、分析和执行。当多条指令要在处理机中执行时,一般有两种执行方式。

1. 顺序执行方式

各条指令之间顺序串行的执行,执行完一条指令后才取出下一条指令来执行,而且每条指令内部的各个微操作也是顺序串行地执行,如图 4-54 所示。

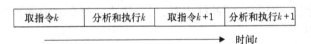

图 4-54　顺序执行方式

采用顺序控制方式的优点是控制简单和节省设备。但此执行方式主要缺点有两个:一个是执行指令速度慢,只有当上一条指令完全执行完后才能开始下一条指令的执行;另一个是功能部件的利用率低。例如在取指和取操作数期间,主存储器是忙碌的,但是运算器却是空闲的;而在对操作数执行运算期间,运算器是忙碌的,主存却是空闲的。

2. 重叠执行方式

在解释第 k 条指令的操作完成之前,就可开始解释第 $k+1$ 条指令,如图 4-55 所示。

采用重叠控制方式的主要优点有两个:一个是缩短了程序的执行时间,另一个是功能部件的利用率明显提高,主存储器基本上处于忙碌状态。其缺点是需要增加一些硬件,控制过程也复杂一些。

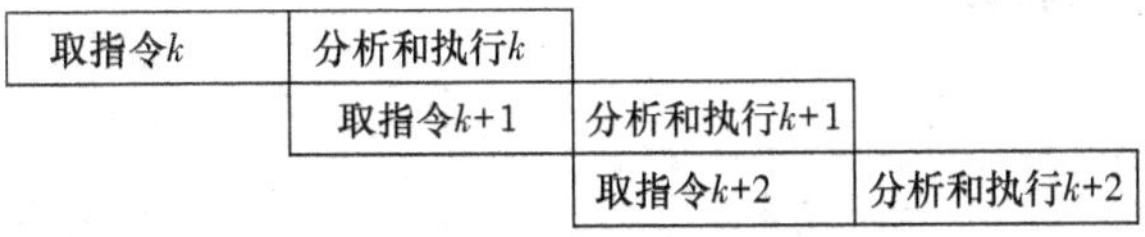

图 4-55　重叠执行方式

假设取指令操作与分析和执行操作所用的时间相等,都是 Δt,则执行 n 条指令若采用顺序执行方案所用的时间为

$$T = 2n\Delta t$$

若改用重叠方案来实现,所用的时间为

$$T = n\Delta t$$

3. 相关处理

所谓相关,是指在一段程序的相近指令之间有某种关系,这种关系可能影响指令的重叠执行。通常把相关分为两大类:一类是数据相关,另一类是控制相关。对于重叠处理机,当采用独立的指令预取部件和独立的指令分析和执行部件来实现的话,处理机中的相关处理问题最主要的也就是控制相关了。

2 控制相关

控制相关是指因为程序的执行方向可能改变而引起的相关。可能改变程序执行方向的指令通常有无条件转移、一般条件转移、子程序调用、中断等。

1. 无条件转移

无条件转移指令一般能够在指令分析器中执行完成,形成转移地址送到先行程序计数器 PC1 和 PC 中,指令缓冲栈按照 PC1 的指示重新开始向存储控制器申请取指令。当要转移到的指令不在先行指令缓冲栈中时,则要将先行指令缓冲栈中所有预取的指令作废,重新取指令。当要转移的指令在先行指令缓冲栈中时,只要把这条指令之前的预取的指令作废,就可以不用停顿地连续工作。

2. 一般条件转移

对于一般的条件转移指令,如果转移不成功,只要等待一个周期,就可以继续"分析和执行",在先行指令缓冲栈中预取的指令也仍然有效。如果转移成功,且转移的距离比较近,指令已被取到先行指令缓冲栈中。这时,只要作废本指令之前的所有指令,接着进行分析就可以了。如果转移距离比较远,指令不在先行缓冲栈中,则要将指令缓冲栈的指令全部作废,相当于串行的开始取指令、分析指令。

3 实验目的

(1)在复杂模型机的基础上,设计一台具有指令预取功能的模型机。

(2)熟悉硬布线控制方式和微指令控制方式联合设计模型机的方法,通过具体上机调试来掌握处理机重叠操作的原理。

4 实验设备

PC 机一台, TD – CMA 实验系统一套。

5 实验原理

1. 指令系统设计

实验设计的模型机指令分为两大类,由于所设计的指令格式中操作码有四位,可以设计 16 条不同的指令,这里给出其中常用的 8 条指令的设计,有兴趣的读者可以通过在此模型机的基础上扩充指令来构建自己的模型机。模型机指令格式如下,其中括号中的 1 表示指令的第一字节,2 表示指令的第二字节,OP-CODE 为操作码,RS 为源寄存器,RD 为目的寄存器,P 为操作目标的地址,占用一个字节。

(1)单字节指令(MOV、ADD、NOT、AND、OR)格式如下:

7 6 5 4	3 2	1 0
OP-CODE	RS	RD

其中,OP-CODE 为操作码,RS 为源寄存器,RD 为目的寄存器,并有如下规定。

RS 或 RD	选定的寄存器
00	R0
01	R1
10	R2
11	R3

(2)双字节指令(IN、OUT、JMP)格式如下:

7 6 5 4(1)	3 2(1)	1 0(1)	7~0(2)
OP-CODE	RS	RD	P

根据上述指令格式,表 4-10 列出了本模型机的 8 条机器指令的具体格式、汇编符号和指令功能。

表 4-10 八条机器指令的具体格式、汇编符号和指令功能

助记符号	指令格式			指令功能
MOV RS RD	0000	RS	RD	RS→RD
ADD RS RD	0001	RS	RD	RD + RS→RD
NOT RD	0010	* *	RD	/RD→RD
AND RS RD	0011	RS	RD	RD∧RS→RD

续表

助记符号	指令格式				指令功能
OR RS RD	0100	RS	RD		RD∨RS→RD
IN RD	0101	**	RD	P	[P]→RD
OUT RS	0110	RS	**	P	RS→[P]
JMP D	0111	**	**	P	P→PC

系统采用外设和主存储器各自独立编码的编址方式,I/O 译码单元由采用地址总线高两位作 2—4 译码来实现,其原理如图 4-56 所示。

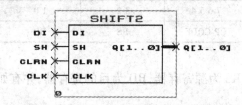

图 4-56 I/O 地址译码原理图

由于采用地址总线的高两位进行译码,I/O 地址空间被分为 4 个区,如表 4-11 所示。

表 4-11 I/O 地址空间分配

A7A6	选定	地址空间
00	IOY0	00 ~ 3F
01	IOY1	40 ~ 7F
10	IOY2	80 ~ BF
11	IOY3	C0 ~ FF

2. 有指令预取功能的模型机系统设计

在复杂模型机实验过程中,我们已经了解了在微程序控制下可自动产生各部件单元控制信号,实现特定指令的功能。而在本次实验中,引入"指令预取"部件和"总线控制"部件,使指令预取与指令执行的工作重叠进行。

采用重叠方案实现上面指令系统的模型计算机的数据通路图如图 4-57 所示。整体的模型机采用双总线的结构,每个机器周期由四节拍构成。这里,计算机"执行部件"数据通路的控制主要由微程序控制器来完成,而"指令预取"部件的数据通路由一片 CPLD 来实现。"指令预取"采用四字节的先进先出栈(FIFO)作为指令缓冲栈,在程序运行过程中,预取部件将指令从主存储器中取到 FIFO 里,而执行部件则从 FIFO 中取得指令并进行指令的译码,在微程序控制下实现指令的操作。"总线控制"部件则根据"执行部件"和"指令预取"部件发出的相应信号来选择总线当前的数据通路,并产生相应的控制信号,以实现对 I/O 设备的读/写操作和指令预取操作。总线控制单元产生的控制信号有 A、B、C、WR、RD、IOM、LDPC、PC ＿ AR 和 FWR。其中,信号 A 控制输出通道,执行输出指令时有效;信号 B 控制输入通道,执行输入指令时有效;信号 C 控制取地址通道,执行双字节指令取地址时有效。

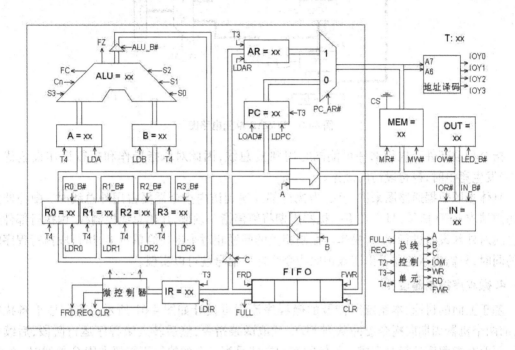

图 4-57　数据通路图

处理器的时钟及节拍电位由时序电路产生,为每周期 4 节拍,如图 4-58 所示。

WR、RD、IOM 为一组用于控制存储器和输入输出设备读写的信号,其控制的具体逻辑如图 4-59 所示,IOM ＝1 时对 I/O 设备进行读写操作,IOM ＝0 时对主存储器进行读写操作,RD ＝1 时为读,WR ＝1 时为写。在数据通路上面还有一个多路开关,用来控制地址总线上的地址是来自程序计数器还是 AR 地址寄存器,当 PC ＿ AR ＝1 时,地址来自 AR 地址寄存器;当 PC ＿ AR ＝0 时,地址来自 PC 计数器。PC&AR 单元电路图如图 4-60 所示。

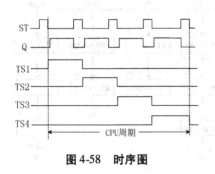

图 4-58　时序图

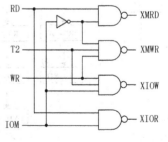

图 4-59　读写控制逻辑

3. 相关处理

由于"指令执行"和"指令预取"是以重叠方式运行的,所以系统必然存在一些相关情况。本系统制定如下的控制策略来解决相关问题。

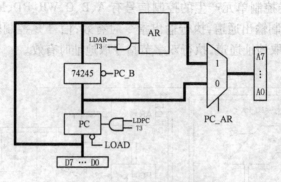

图 4-60 PC&AR 单元电路图

指令预取部件和执行部件可能同时用到 C 总线,因此对取指操作和执行操作设置优先级,当发生竞争时,执行段访内优先。

具体参照数据通路图来讲,就是当执行部件遇到访内指令需要占用外总线时,微控器发出访内请求 REQ 信号,ALU 在下一机器周期将暂停指令预取,让出总线控制权,由执行部件通过总线对外部设备进行读/写操作。控制相关的问题相对来讲要简单得多,执行段执行程序转移的同时,只需由微控器发出清除预取指令缓冲栈信号就可以实现。

4. 微程序控制器设计

基于上面的讨论,本系统所涉及的微程序流程可设计如图 4-61 所示。当程序准备执行时,前两个机器周期向指令缓冲队列 FIFO 预取两条指令,然后转入微程序运行阶段,后续指令的预取在微程序运行时完成。具体的实现方式是当指令的执行不需要占用 C 总线时,在 T3 时刻完成指令的预取。由于执行 JMP 指令时需要清空指令缓冲队列,所以在 JMP 指令执行后插入两条空操作用来向指令缓冲队列中预取两条指令,以确保执行部件可以从指令缓冲队列中读到正确的指令。

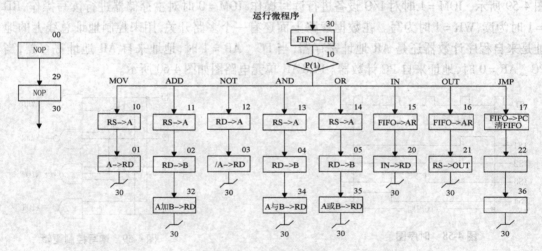

图 4-61 微程序流程图

当全部微程序设计完成后,应将每条微指令代码化,表 4-13 即为将图 4-61 的微程序流程图按表 4-12 所示微指令格式转化而成的二进制微代码表。

表 4-12 微代码的指令格式

23	22	21	20	19	18~15	14~12	11~9	8~6	5~0
REQ	保留	WR	RD	IOM	S3…S0	A 字段	B 字段	C 字段	UA5…UA0

A 字段				B 字段				C 字段			
14	13	12	选择	11	10	9	选择	8	7	6	选择
0	0	0	NOP	0	0	0	NOP	0	0	0	NOP
0	0	1	LDA	0	0	1	ALU_B	0	0	1	P<1>
0	1	0	LDB	0	1	0	RS_B	0	1	0	保留
0	1	1	LDRi	0	1	1	RD_B	0	1	1	保留
1	0	0	保留	1	0	0	保留	1	0	0	保留
1	0	1	LOAD	1	0	1	保留	1	0	1	保留
1	1	0	LDAR	1	1	0	保留	1	1	0	保留
1	1	1	LDIR	1	1	1	保留	1	1	1	保留

在前面复杂模型机的微指令格式的基础上,增加了 REQ 信号。REQ 信号在执行 IN、OUT 指令时有效,表示该指令的执行需要占用 C 总线。

表 4-13 二进制微代码表

地址	十六进制表示	高五位	S3…S0	A 字段	B 字段	C 字段	UA5…UA0
00	00 00 29	00000	0000	000	000	000	101001
01	00 32 30	00000	0000	011	001	000	110000
02	00 26 32	00000	0000	010	011	000	110010
03	02 32 30	00000	0100	011	001	000	110000
04	01 26 34	00000	0010	010	011	000	110100
05	01 A6 35	00000	0011	010	011	000	110101
10	00 14 01	00000	0000	001	010	000	000001
11	00 14 02	00000	0000	001	010	000	000010
12	00 16 03	00000	0000	001	011	000	000011
13	00 14 04	00000	0000	001	010	000	000100
14	00 14 05	00000	0000	001	010	000	000101
15	80 60 20	10000	0000	110	000	000	100000
16	80 60 21	10000	0000	110	000	000	100001
17	00 50 22	00000	0000	101	000	000	100010
20	18 30 30	00011	0000	011	000	000	110000
21	28 04 30	00101	0000	000	010	000	110000
22	00 00 36	00000	0000	000	000	000	110110
29	00 00 30	00000	0000	000	000	000	110000
30	00 70 50	00000	0000	111	000	001	010000

续表

地址	十六进制表示	高五位	S3…S0	A 字段	B 字段	C 字段	UA5…UA0
32	04 B2 30	00000	1001	011	001	000	110000
34	01 32 30	00000	0010	011	001	000	110000
35	01 B2 30	00000	0011	011	001	000	110000
36	00 00 30	00000	0000	000	000	000	110000

5. CPLD 芯片设计

图 4-61 中的右下部分需要在 CPLD 芯片中实现,如图 4-62 所示。

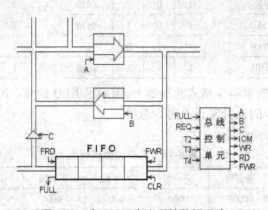

图 4-62　在 CPLD 中实现的数据通路

其在 CPLD 中的顶层模块电路图如图 4-63 所示,而各子模块功能描述的参考程序可参见实验系统随机的光盘文件。

本实验为提高实验的效率和实验的成功率,特别是为了能基于数据通路图方式来调试实验,达到好教好学的效果,处理器中的运算器与 REG 堆、AR 地址寄存器、PC 计数器、指令寄存器、微控制器、存储器 RAM、IN 单元、OUT 单元等都是用实验系统上的单元电路来构建的,只将上面图 4-62 数据通路中的模块由 CPLD 来实现,即构成一完整的具有指令预取功能的模型机。

6　实验步骤

(1)使用 Quartus II 软件编辑实现相应 CPLD 中的逻辑并进行编译,直到编译通过。在 CPLD 中可配置芯片的引脚如图 4-64 所示。

(2)关闭实验系统电源,把时序与操作台单元的"MODE"短路块短接、"SPK"短路块断开,使系统工作在四节拍模式,按图 4-65 连接实验电路。

(3)打开电源,将生成的 POF 文件下载至 CPLD 芯片中。

(4)编写如下一段机器指令程序。

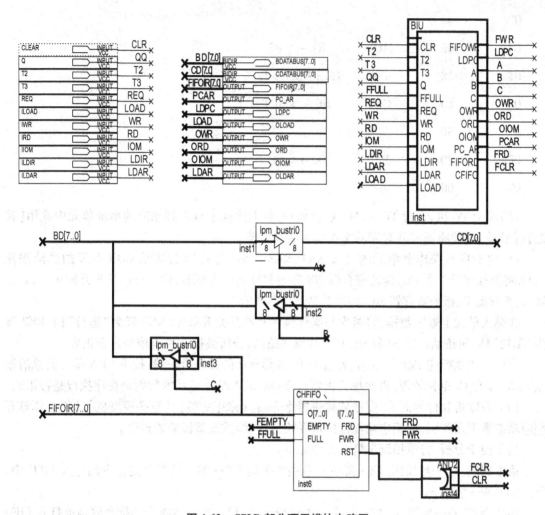

图 4-63　CPLD 部分顶层模块电路图

D01	D02	D03	A09	A10	D26	D25	A15	A16	A17	A19	A20
IWR	IRD	IIOM	T2	T3	Q	ILDIR	ILOAD	ILDAR	REQ	OLOAD	OLDAR
					CPLD单元						
OWR	ORD	OIOM	B7 ⋯ B0		C7 ⋯ C0		IR7 ⋯ IR0		LDPC	PC_AR	CLR
D05	D06	D07	D24 ⋯ D17		D24 ⋯ D17		A08 ⋯ A01		A19	A20	D28

图 4-64　引脚配置图

地址（H）	内容（H）	助记符	说明
00	50	IN	IN → R0
01	40		
02	51	IN	IN → R1

209

03	40		
04	06	MOV	R1 – > R2
05	18	ADD	R0 + R2 – > R0
06	60	OUT	R0 – > OUT
07	80		
08	70	JMP	00 – > PC
09	00		

（5）联上 PC 机,运行 TD – CMA 联机软件,将上述程序写入到相应的地址单元中或用【转储】/【装载】功能将该实验对应的文件载入实验系统。

（6）将时序与操作台单元的开关 KK1、KK3 置为"运行"挡,按动 CON 单元的总清按钮 CLR,将使程序计数器 PC、地址寄存器 AR 和微程序地址为 00H,程序可以从头开始运行,暂存器 A、暂存器 B、指令寄存器 IR 和 OUT 单元也会被清零。

在输入单元上置一数据,将时序与操作台单元的开关 KK1 和 KK3 置为"运行"挡,KK2 置为"单拍"挡,每按动一次 ST 按钮,对照数据通路图,分析数据和控制信号是否正确。

当模型机执行完 JMP 指令后,检查 OUT 单元显示的数是否正确,按下 CON 单元的总清按钮 CLR,改变 IN 单元的值,再次执行机器程序,从 OUT 单元显示的数判别程序执行是否正确。

（7）在联机软件界面下,完成装载机器指令后,选择【实验】/【重叠模型机】功能菜单打开相应动态数据通路图,按相应功能键即可联机运行、调试模型机实验程序。

为了便于分析,将单拍调试情况介绍如下。

第 1 周期:T1—空操作;T2—置下一条微指令码;T3—第一条指令的指令码打入 FIFO 中, PC 加 1;T4—空操作。

第 2 周期:T1—空操作;T2—置下一条微指令码;T3—第一条指令的指令码地址打入 FIFO 中,PC 加 1;T4—空操作。

第 3 周期:T1—空操作;T2—置下一条微指令码;T3—第二条指令的指令码打入 FIFO 中, PC 加 1,第一条指令的指令码打入指令寄存器 IR 中;T4—空操作。

第 4 周期:T1—空操作;T2—置下一条微指令码;T3—第二条指令的指令码地址打入 FIFO 中,PC 加 1,第一条指令的指令码地址打入地址寄存器 AR 中;T4—空操作。

第 5 周期:T1—空操作;T2—置下一条微指令码,将地址寄存器 AR 中的地址输出到地址总线;T3—空操作;T4—把 IN 单元的数据打入到 R0 中。

第 6 周期:T1—空操作;T2—置下一条微指令码;T3—第三条指令的指令码打入 FIFO 中, PC 加 1,第二条指令的指令码打入指令寄存器 IR 中;T4—空操作。

第 7 周期:T1—空操作;T2—置下一条微指令码;T3—第四条指令的指令码打入 FIFO 中, PC 加 1,第二条指令的指令码地址打入地址寄存器 AR 中;T4—空操作。

第 8 周期:T1—空操作;T2—置下一条微指令码,将地址寄存器 AR 中的地址输出到地址总线;T3—空操作;T4—把 IN 单元的数据打入到 R1 中。

第 9 周期:T1—空操作;T2—置下一条微指令码;T3—第五条指令的指令码打入 FIFO 中,

PC 加 1,第三条指令的指令码打入指令寄存器 IR 中;T4—空操作。

第 10 周期:T1—空操作;T2—置下一条微指令码;T3—第五条指令的指令码地址打入 FIFO 中,PC 加 1;T4—把 R1 中的数据打入到暂存器 A 中。

后面的机器周期由学生自己分析,并思考以下问题:第 5、第 8 机器周期为什么没有向 FIFO 预取数据?

7　性能评测

（1）本实验重叠方案清晰,易于理解。由于该实验是基于重叠执行方式的原理性实验,故指令系统也比较简单。

（2）本实验在前面复杂模型机的基础上以重叠方案实现模型机功能,除第一条指令执行前的指令预取操作需要占用单独的机器周期外,其他每条指令的取指操作都不占用单独的机器指令周期,因此缩短了指令的执行时间,提高了指令的执行效率。

（3）与前面的复杂模型机相比,硬件上增加了 FIFO、总线控制器和相应的总线,从而大大地提高了指令的执行效率。比如上面的那段机器指令在复杂模型机中执行完需 29 个机器周期;而在本模型机实验中,22 个机器周期就能完成。

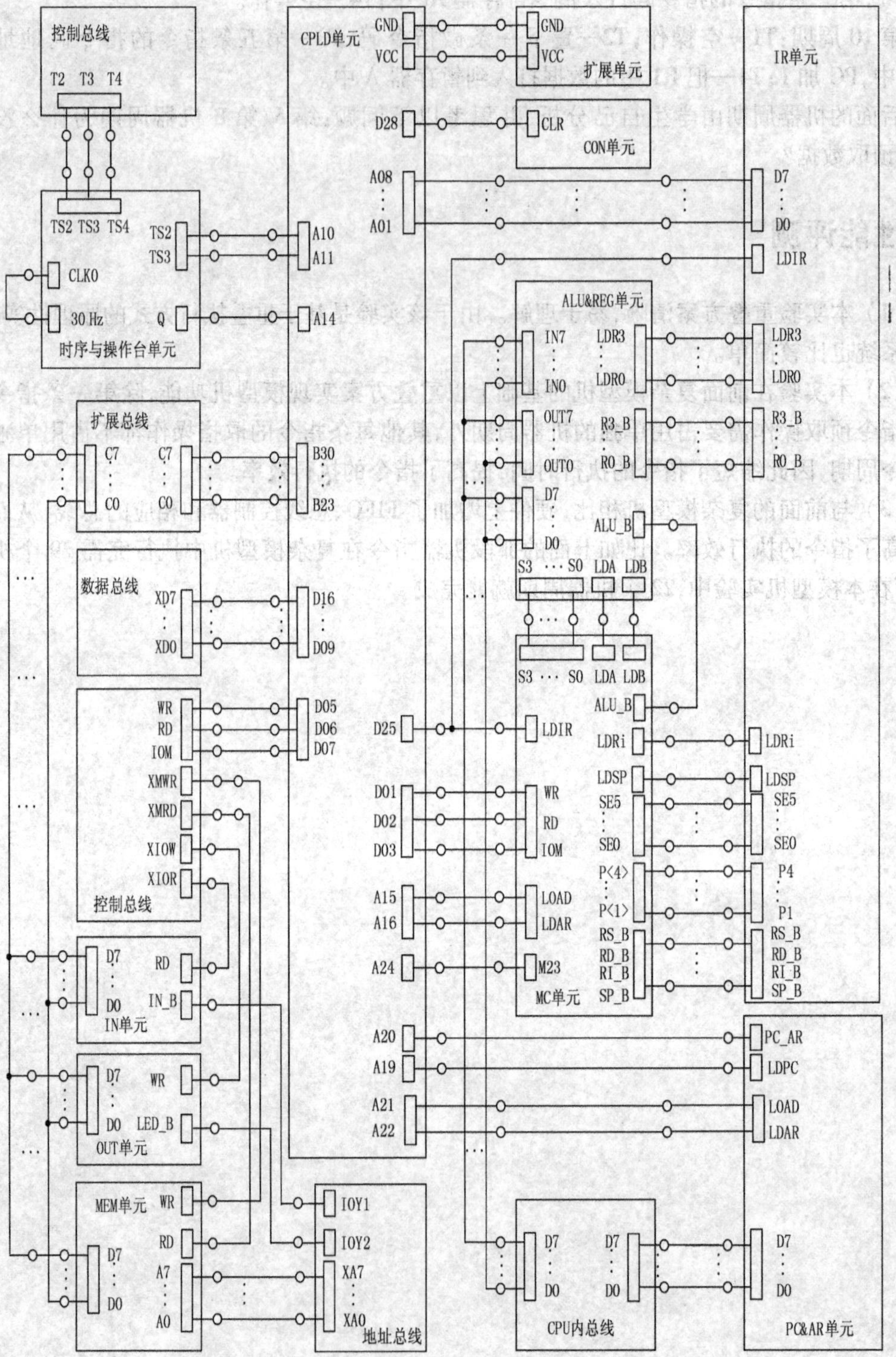

212

图 4-65　实验接线图

实验十四　基于流水技术的模型计算机设计实验

1　流水的基本概念

流水可以看作重叠的引申,一次重叠是一种简单的指令流水线。一次重叠是把一条指令分解为"分析"和"执行"两个子过程,这两个子过程分别在执行分析部件和指令执行部件中完成,如图 4-66 所示。由于在指令分析部件和指令执行部件的输出端各有一个锁存器,可以分别保存指令分析和指令执行的结果,因此指令分析和指令执行部件可以完全独立并行地工作,而不必等一条指令的"分析""执行"子过程都完成之后才送入下一条指令。分析部件在完成一条指令"分析"并将结果送入指令执行部件的同时,就可以开始分析下一条指令。

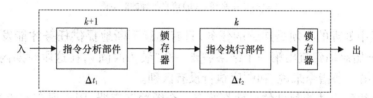

图 4-66　简单的流水

上图中,如果指令分析部件分析一条指令所用的时间 Δt_1 与指令执行部件执行一条指令所用的时间 Δt_2 相等,即 $\Delta t_1 = \Delta t_2 = \Delta t$,就一条指令的解释来看还是需要 $2\Delta t$,但是从机器的输出来看,每过 Δt 就有一条指令执行完成。因此,机器执行指令的速度提高了一倍。

如果把"分析"子过程再细分成"取指令""指令译码"和"取操作数"3 个子过程,并加快"执行"子过程,使 4 个子过程都能独立地工作,且经过的时间都是 Δt,如图 4-67(a)所示,则可以描述出流水的时空图,如图 4-67(b)所示。

在时空图中,横坐标表示时间,也就是输入到流水线中的各个任务在流水线中所经过的时间;纵坐标表示空间,即流水线的各个子过程。在时空图中,流水线的一个子过程通常称为"功能段"。

从时空图中,可以很清楚地看出各个任务在流水线的各段中的流动过程。从横坐标方向看,流水线中的各个功能部件逐个连续地完成自己的任务;从纵坐标方向看,在同一时间段内有多个功能段在同时工作。

在上面的流水线中,对于"取指令""指令译码""取操作数""执行"每个子过程都需要 Δt 时间完成,这样虽然完成一条指令所需的时间还是一个 T,但是每隔一个 Δt(即 $T/4$)时间就会有一条指令结果输出,这样的执行效率比顺序方式提高了 3 倍。

2　流水线的特点

采用流水线方式的处理机与传统的顺序执行方式相比,具有如下特点。

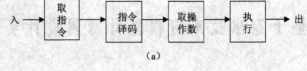

(a)

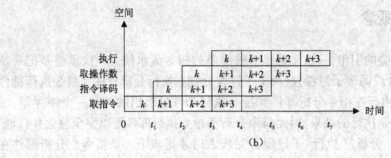

(b)

图 4-67 流水处理

(a)指令流水线 (b)流水处理的时空图

（1）流水线中处理的必须是连续的任务，只有连续不断地提供任务才能发挥流水线的效率。流水线从开始启动到流出第一个结果需要一个"装入时间"，在这段时期内并没有流出任何结果，所以对第一条指令来说，和顺序执行没有区别。

（2）在流水线每个功能部件的后面都要有一个缓冲寄存器，用于保存本段的执行结果，以保证各部件之间速度匹配及各部件独立并行地运行。

（3）流水线是把一个大的功能部件分解为多个独立的功能部件，并依靠多个功能部件并行工作来缩短程序执行时间。流水线中各段的执行时间应尽量相等，否则将引起"堵塞""断流"等。执行时间最长的一段将成为整个流水线的"瓶颈"，在流水线中应尽量解决"瓶颈"。

3 相关处理

由于流水是同时解释多条指令，肯定会出现更多的相关。所谓相关，是指在一段程序的相近指令之间有某种关系，这种关系可能影响指令的重叠执行。通常，把相关分为两大类：一类是数据相关，另一类是控制相关。数据相关主要有四种，分别是指令相关、主存操作数相关、通用寄存器相关和变址相关。解决数据相关的方法通常有两种：一种是推后分析法，在遇到数据相关时，推后本条指令的分析，直至所需要的数据写入到相关的存储单元中；另一种方法是设置专用通路，即不必等所需要的数据写入到相关的存储单元中，而是经专门设置的数据通路读取所需要的数据。

控制相关是指因为程序的执行方向可能改变而引起的相关。可能改变程序执行方向的指令通常有无条件转移、一般条件转移、子程序调用、中断等。

实验十五 基于流水技术的模型计算机设计实验

1 实验目的

在掌握 RISC 处理器构成的模型机实验基础上,进一步将其构成一台具有流水功能的模型机。

2 实验设备

PC 机一台,TD – CMA 实验系统一套。

3 实验原理

1. 本实验中 RISC 处理器指令系统的定义

(1)选用使用频度比较高的如下五条基本指令:MOV、ADD、STORE、LOAD、JMP。
(2)寻址方式采用寄存器寻址及直接寻址两种。
(3)指令格式采用单字长及双字长两种格式。

7		4	3	2	1	0
操作码			R s		R d	

7		4	3	2	1	0
操作码			R s		R d	
A						

其中,Rs、Rd 为不同状态,则选中不同寄存器。

Rs 或 Rd	寄存器
0 0	R0
0 1	R1
1 0	R2
1 1	R3

Rd	暂存器
0 0	A
1 1	B

MOV、ADD 两条指令为单周期执行完成,STORE、LOAD、JMP 三条指令为两周期执行完成。在 STORE、LOAD 两条指令里,A 为存或取数的直接地址;在 JMP 指令里,A 为转移地址的立即数。

2. 基于 RISC 处理器的流水方案设计原理

(1)本模型机采用的数据通路图如图 4-68 所示。

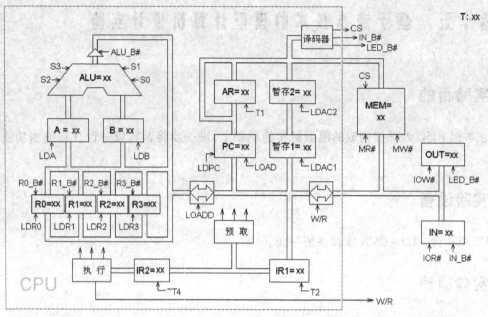

图 4-68　流水模型机数据通路图

(2) 流水模型机工作原理示意图如图 4-69 所示。

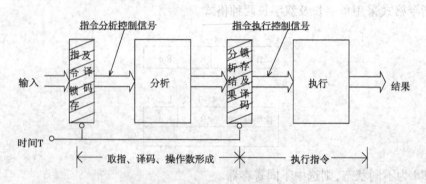

图 4-69　流水模型机工作原理示意图

本实验的流水模型机采用两级流水,将系统分为"指令分析部件"和"指令执行部件",各部件的执行周期均为一个机器周期。"指令分析部件"主要是取指、译码、操作数形成,IR1 将指令码锁存,译码产生出分析部件所需的控制信号,形成操作数,在机器周期结束时,也就是 T4 的下降沿将指令码递推到 IR2 锁存,完成指令的分析。"指令执行部件"主要负责执行指令,在 IR2 锁存指令码后,就会译码出执行部件需要的控制信号,完成指令的执行。与此同时分析部件完成了下一条指令的分析。以上的过程反映出了流水技术在"时空"上的并行性。除第一个机器周期外,其他周期两个部件都是同时工作的,每一个周期都会有一个结果输出。

"指令分析部件"的设计主要采用了 PC 专用通路和两级暂存技术,PC 专用通路是为访存指令预取操作数地址而用,暂存器是用来暂存操作数地址,设计两级暂存可以避免连续两条访存指令带来的冲突。如果是一级暂存,在分析第一条访存指令时,在 T3 时刻将操作数地址存入暂存。在下一个机器周期里执行该访存指令,同时分析第二条访存指令,第一条访存指令的操作数地址要在 T4 时刻才用到,但是 T3 时刻已经被分析的第二条访存指令的操作数地址覆盖,这样就引起了冲突,两级暂存可解决这问题。"指令执行部件"采用实验系统的 ALU&REG 单元来构建。

下面介绍一下流水方案的逻辑实现。

将一个机器周期分成四个节拍,分别为 T1、T2、T3、T4。首先在 T1 时刻的上升沿,程序计数器 PC 将操作码地址打入地址寄存器 AR(PC - > AR)。然后在 T2 时刻的上升沿,PC +1 并且将指令的操作码打入指令寄存器。如果是单字节指令,如 MOV、ADD 指令,到此已经完成了指令的预取及分析;如果是双字节指令,如 STORE、LOAD 指令(JMP 指令例外),在 T3 时刻的上升沿选中 PC 专用通路,将操作数地址打入暂存 1 中保存,JMP 指令则将转移地址直接打入 PC 中。在 T4 时刻的上升沿,PC +1(JMP 指令则不加 1)并且将暂存 1 的数据打入暂存 2 中保存;在 T4 的下降沿将控制信号锁存。这时双字节指令的预取及分析也完成。

在下一个机器周期的 T4 时刻完成指令的执行。"指令分析部件"同时预取分析下一条指令。

(3)本实验的指令系统如下。

MOV	0000	Rs	Rd

ADD	0001		Rd

JMP	0010		
	A		

LOAD	0011		Rd
	A		

STORE	0100	Rs	
	A		

(4)本实验的程序如下。

地址(H)	内容(H)	助记符	说明
00	30	LOAD [80],R0	[80H] - > R0
80			
00		MOV R0,A	R0 - > A
03		MOV R0,B	R0 - > B
10		ADD A,B,R0	A + B - > R0
40		STORE R0,[82]	R0 - > [82H]
82			

20	JMP 00	00H ― > PC
00		

3. 指令部件

本实验"指令执行部件"由实验系统的 ALU&REG 单元电路来构建,输入设备、输出设备、RAM 及时序仍由实验系统上的 IN 输入单元、OUT 输出显示单元、MEM 存储器单元及时序与操作台单元电路给出,其余全部用实验系统的 CPLD 单元来设计实现。在本实验的设计中,00H ~ 7FH 为存储器地址,80H 为输入单元端口地址,82H 为输出单元端口地址。

4. CPLD 芯片设计程序

(1)在图 4-68 中须用 CPLD 描述的部分如图 4-70 所示。

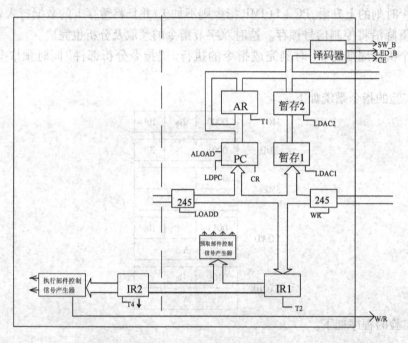

图 4-70　用 CPLD 实现的电路

(2)顶层模块电路图如图 4-71 所示。

(3)设计各子模块功能描述程序。

4　实验步骤

(1)编辑、编译所设计 CPLD 芯片的程序,其引脚可配置如图 4-72 所示。

(2)关闭实验系统电源,把时序与操作台单元的"MODE"短路块短接、"SPK"短路块断开,使系统工作在四节拍模式,按图 4-73 连接实验电路。

(3)打开电源,将生成的 POF 文件下载至 CPLD 芯片中。

(4)联上 PC 机,运行 TD - CMA 联机软件,将上述程序写入相应的地址单元中或用【转

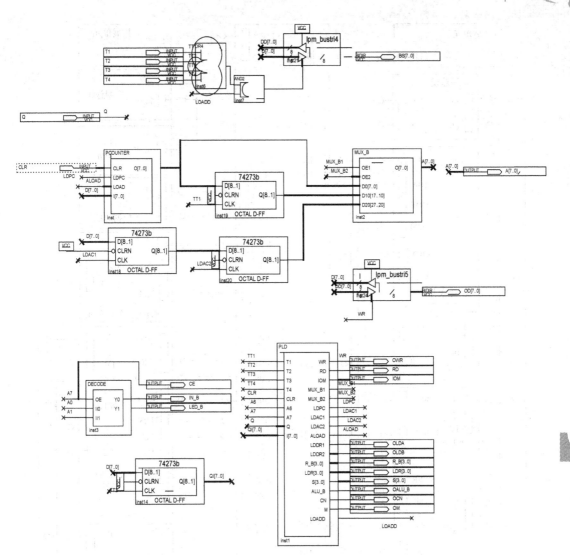

图 4-71 在 CPLD 中设计的顶层模块电路图

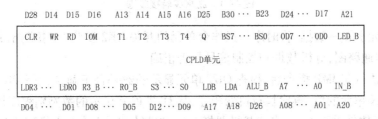

图 4-72 引脚配置图

储}/【装载】功能将该实验对应的文件载入实验系统。

(5)将时序与操作台单元的开关 KK1、KK3 置为"运行"挡,按动 CON 单元的总清按钮 CLR,将使程序计数器 PC、地址寄存器 AR 和微程序地址为 00H,程序可以从头开始运行,暂存器 A、暂存器 B、指令寄存器 IR 和 OUT 单元也会被清零。

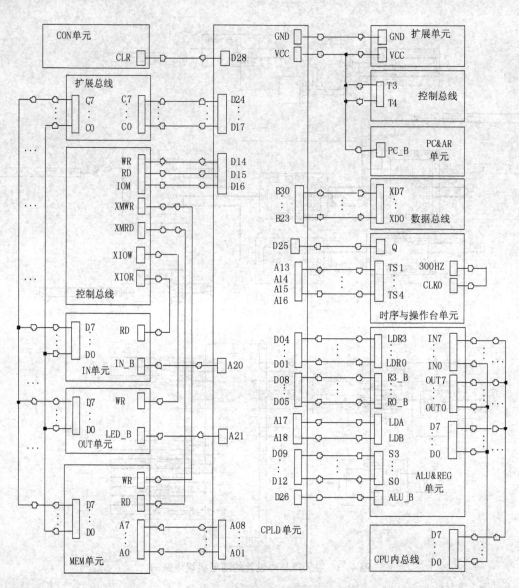

图 4-73　流水实验接线图

　　在输入单元上置一数据,将时序与操作台单元的开关 KK2 置为"单拍"挡,每按动一次 ST 按钮,对照数据通路图,分析数据和控制信号是否正确。

　　当模型机执行完 JMP 指令后,检查 OUT 单元显示的数是否正确,按下 CON 单元的总清按钮 CLR,改变 IN 单元的值,再次执行机器程序,从 OUT 单元显示的数判别程序执行是否正确。

　　(6)在联机软件界面下,完成装载机器指令后,选择【实验】/【流水模型机】功能菜单打开相应动态数据通路图,按相应功能键即可联机运行、调试模型机的实验程序。

5　性能评测

　　(1)本实验在精简指令处理器的基础上以流水方案实现模型机功能,除第一个机器周期预取指令外,其他每个机器周期都有结果输出,与前面的基于 RISC 处理器构成的模型机相比,大大提高了执行效率,前面基于 RISC 处理器的实验没有指令预取部件和指令执行部件的概念,在遇到访内指令时它需要两个机器周期才能完成。

（2）本实验流水方案清晰,易于理解。由于该实验是流水的原理性实验,故指令系统也比较简单。

附　录

附录一　系统实验单元电路

1. ALU&REG 单元

ALU&REG 单元由以下部分构成:一片 CPLD 实现的 ALU,五片 74LS245 构成的保护电路。ALU 的输出以排针形式引出 D7…D0,ALU 与 REG 的输入以排针形式引出 IN7…IN0,REG 的输出以排针形式引出 OUT7…OUT0,运算器的控制信号(LDA、LDB、S0、S1、S2、S3、ALU_B、CN)分别以排针形式引出,寄存器堆的输入控制信号(LDR0、LDR1、LDR2、LDR3)、输出控制信号(R0_B、R1_B、R2_B、R3_B)也分别以排针形式引出,另外还有进位标志 FC 和零标志 FZ 指示灯。其 ALU 内部构成如图 3-2 所示,但图中有三部分不在 CPLD 中实现,而是在外围电路中实现,这三部分为图中的"显示 A""显示 B"和 ALU 的输出控制"三态控制245"。请注意:实验箱上凡丝印标注有马蹄形标记"⎵"的,表示这两根排针之间是连通的。图中除 T4 和 CLR,其余信号均来自 ALU 单元的排线座,实验箱中所有部件单元的 T1、T2、T3、T4 都已连接至系统总线单元的 T1、T2、T3、T4,CLR 都连接至 CON 单元的 CLR 按钮。

其中,暂存器 A 和暂存器 B 中的数据能在 LED 灯上实时显示,本实验箱上所有的 LED 灯均为正逻辑,即"1"时亮、"0"时灭,原理如附图 1-1 所示(以 A0 为例,其他相同)。本单元中的进位标志 FC 和零标志 FZ 显示原理也是如此。

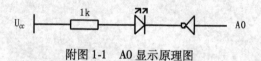

附图 1-1　A0 显示原理图

ALU 和 REG 的连接如附图 1-2 所示,由于 ALU 的工作电压为 3.3V,所以在所有用户操作的 IO 脚都加上 74LS245 隔离保护,以防误操作烧坏 ALU 芯片。

ALU&REG 单元由运算器和寄存器堆构成,运算器内部含有三个独立运算部件,分别为算术、逻辑和移位运算部件,要处理的数据存于暂存器 A 和暂存器 B。寄存器堆由 R0、R1、R2、R3 组成,它们用来保存操作数及中间运算结果等,其中 R2 还兼作变址寄存器,R3 兼作堆栈指针。

2. 程序计数器与地址寄存器单元(PC&AR 单元)

此单元由地址寄存器 AR、程序计数器 PC 构成。地址寄存器的输出以排针形式引出 A7…A0,其电路原理如附图 1-3 所示。

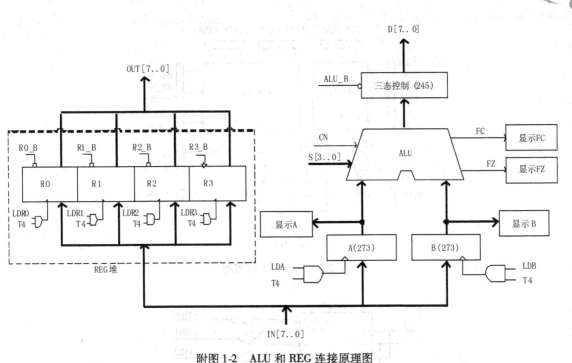

附图 1-2　ALU 和 REG 连接原理图

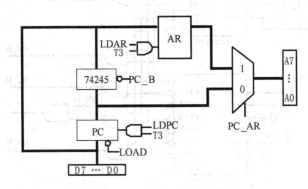

附图 1-3　PC&AR 单元原理图

3. 指令寄存器单元（IR 单元）

IR 单元包括三大部分：指令寄存器、指令译码电路 INS＿DEC 和寄存器译码电路 REG＿DEC。指令寄存器单元中指令寄存器的输入和输出都以排针形式引出，构成模型机时实现程序的跳转控制和对通用寄存器的选择控制，其电路构成如附图 1-4 所示。其中，REG＿DEC 由一片 GAL16V8 实现，内部原理如附图 1-5 所示；INS＿DEC 由一片 GAL20V8 实现，内部原理如附图 1-6 所示。

4. 微程序控制器电路单元（MC 单元）

本系统的微控器单元主要由编程部分和核心微控器部分组成，其电路构成如附图 1-7 所示。

编程部分是通过编程开关的相应状态选择及由 T2 引入的节拍脉冲来完成将预先定义好

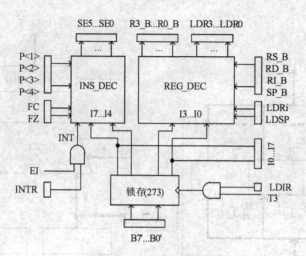

附图1-4　IR单元原理图

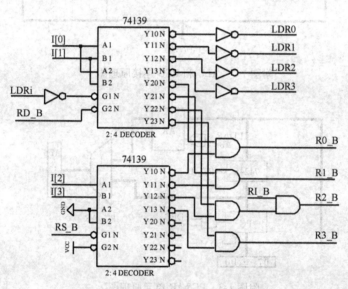

附图1-5　寄存译码原理图

的微代码程序写入到2816控制存储器中,并可以对控制存储器中的程序进行校验。该系统具有本地直接编程和校验功能,且由于选用2816 E^2PROM芯片为控制存储器,所以具备掉电保护功能。

核心微控器主要完成接收机器指令译码器送来的代码,使控制转向相应机器指令对应的首条微代码程序,对该条机器指令的功能进行解释或执行的工作。更具体来讲,就是通过接收CPU指令译码器发来的信号,找到本条机器指令对应的首条微代码的微地址入口,再通过由T2引入的时序节拍脉冲的控制,逐条读出微代码。实验板上的微控器单元中的24位显示灯(M23…M0)显示的状态即为读出的微指令。然后,其中几位再经过译码,一并产生实验板所需的控制信号,将它们加到数据通路中相应的控制位,可对该条机器指令的功能进行解释和执行。指令解释到最后,再继续接收下一条机器指令代码并使控制转到对应的微地址入口,这样周而复始,即可实现机器指令程序的运行。

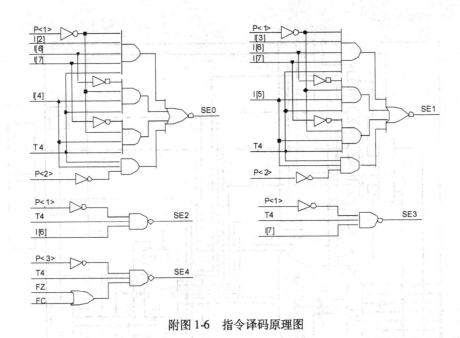

附图 1-6　指令译码原理图

核心微控器同样是根据 24 位显示灯所显示的相应控制位,再经部分译码产生的二进制信号来实现机器指令程序顺序、分支、循环运行的,所以有效地定义 24 位微代码对系统的设计至关重要。

1)核心微控器单元

通过编程开关的不同状态,可进行微代码的编程、校验、运行。在附图 1-7 中:

(1)微地址显示灯显示的是后续微地址,而 24 位显示灯显示的是后续地址的二进制控制位;

(2)T2 为微地址锁存器(74LS74)的时钟信号;

(3)2816 的片选信号(CS)在手动状态下一直为"0",而在和 PC 联机状态下,受 89S51 控制。

CLR 为清零信号的引出端,实验板中已接至 CON 单元中最右边的 CLR 按钮上,此二进制按钮为 CLR 专用。SE5...SE0 端挂接到 CPU 的指令译码器的输出端,通过译码器确定相应机器指令的微代码入口,也可人为手动模拟 CPU 的指令译码器的输出,达到同一目的。

5. CPU 内总线单元

此单元由五排 8 线排针组成,它们之间相应位是相互连通的,CPU 内总线是 CPU 内部数据集散地,每个部件的输入数据来自于 CPU 内总线,输出的数据也要通过 CPU 内总线到达目的地。

6. 时序与操作台单元

时序单元可以提供单脉冲或连续的时钟信号:KK 和 Q。其中的 Q 为 555 构成的多谐振荡器的输出,其原理如附图 1-8 所示,经分频器分频后输出频率大约为 30 Hz 和 300 Hz、占空比为 50% 的 Q 信号。

时序与操作台单元的"MODE"短路块短路,系统工作在四节拍模式;"MODE"短路块拔

226

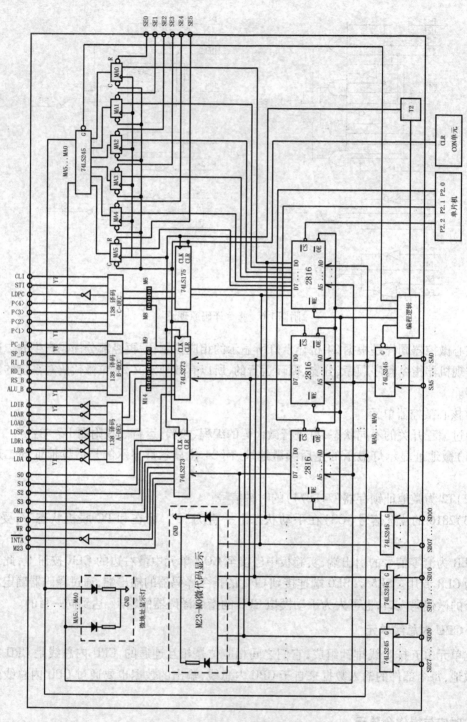

附图1-7 微程序控制器原理图

开,系统工作在两节拍模式。

　　时序与操作台单元的"SPK"短路块短路,系统具有总线竞争报警功能;"SPK"短路块断开,系统无报警功能。

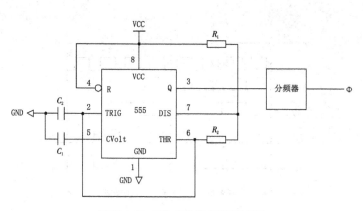

附图 1-8　555 多谐振荡器原理图

　　每按动一次 KK 按钮,在 KK + 和 KK − 端将分别输出一个上升沿和下降沿单脉冲。其原理如附图 1-9 所示。

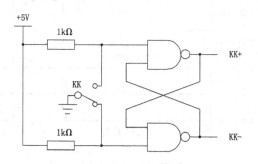

附图 1-9　KK 单脉冲电路原理图

　　每按动一次 ST 按钮,根据时序开关挡位的不同,在 TS1、TS2、TS3、TS4 端输出不同的波形。当开关处于"连续"挡时,TS1、TS2、TS3、TS4 输出的是如附图 1-10 所示的连续时序;开关处于"单步"挡时,TS1、TS2、TS3、TS4 只输出一个 CPU 周期的波形,如附图 1-11 所示;开关处于"单拍"挡时,TS1、TS2、TS3、TS4 交替出现,如附图 1-12 所示。

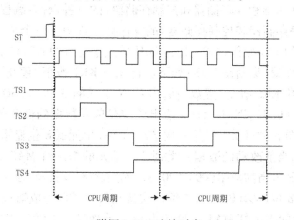

附图 1-10　连续时序

当 TS1、TS2、TS3、TS4 输出连续波形时,有四种方法可以停止输出:将时序状态开关 KK1

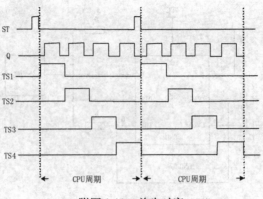

附图 1-11　单步时序

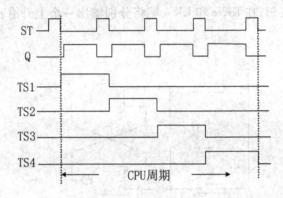

附图 1-12　单拍时序

拨至"停止"挡,将 KK2 打到"单拍"或"单步"挡,按动 CON 单元的 CLR 按钮或是系统单元的复位按钮。CON 单元的 CLR 按钮和 SYS 单元的复位按钮的区别是:CLR 按钮完成对各实验单元清零,复位按钮完成对系统及时序发生器复位。

在实验平台中设有一组编程控制开关 KK1、KK2、KK3、KK4、KK5(位于时序与操作台单元),可实现对存储器(包括程序存储器和控制存储器)的三种操作:编程、校验、运行。考虑到对于存储器(包括程序存储器和控制存储器)的操作大多集中在一个地址连续的存储空间中,实验平台提供了便利的手动操作方式。以向 00H 单元中写入"332211"为例,对于控制存储器进行编辑的具体操作步骤(见附图 1-13)如下。首先将 KK1 拨至"停止"挡、KK3 拨至"编程"挡、KK4 拨至"控存"挡、KK5 拨至"置数"挡,由 CON 单元的 SD05...SD00 开关给出需要编辑的控存单元首地址(000000),IN 单元开关给出该控存单元数据的低 8 位(00010001),连续两次按动时序与操作台单元的开关 ST(第一次按动后 MC 单元低 8 位显示该单元以前存储的数据,第二次按动后显示当前改动的数据),此时 MC 单元的指示灯 MA5...MA0 显示当前地址(000000),M7...M0 显示当前数据(00010001)。然后将 KK5 拨至"加 1"挡,IN 单元开关给出该控存单元数据的中 8 位(00100010),连续两次按动开关 ST,完成对该控存单元中 8 位数据的修改,此时 MC 单元的指示灯 MA5...MA0 显示当前地址(000000),M15...M8 显示当前数据(00100010)。再由 IN 单元开关给出该控存单元数据的高 8 位(00110011),连续两次按动开关 ST,完成对该控存单元高 8 位数据的修改,此时 MC 单元的指示灯 MA5...MA0 显示当前地址(000000),M23...M16 显示当前数据(00110011)。此时被编辑的控存单元地址会自动加 1(01H),由 IN 单元开关依次给出该控存单元数据的低 8 位、中 8 位和高 8 位配合每次开关 ST 的两次按动,即可完成对后续单元的编辑。

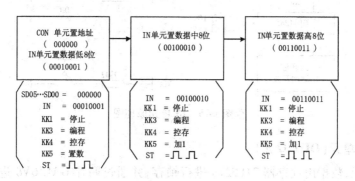

附图 1-13　编辑

编辑完成后需进行校验,以确保编辑的正确。以校验 00H 单元为例,对于控制存储器进行校验的具体操作步骤(见附图 1-14)如下。首先将 KK1 拨至"停止"挡、KK3 拨至"校验"挡、KK4 拨至"控存"挡、KK5 拨至"置数"挡。由 CON 单元的 SD05...SD00 开关给出需要校验的控存单元地址(000000),连续两次按动开关 ST,MC 单元指示灯 M7...M0 显示该单元低 8 位数据(00010001);KK5 拨至"加 1"挡,再连续两次按动开关 ST,MC 单元指示灯 M15...M8 显示该单元中 8 位数据(00100010);再连续两次按动开关 ST,MC 单元指示灯 M23...M16 显示该单元高 8 位数据(00110011);再连续两次按动开关 ST,地址加 1,MC 单元指示灯 M7...M0 显示 01H 单元低 8 位数据。如校验的微指令出错,则返回输入操作,修改该单元的数据后再进行校验,直至确认输入的微代码全部准确无误为止,完成对微指令的输入。

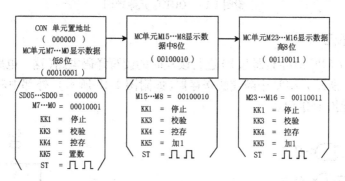

附图 1-14　校验

同样,操作控制开关 KK1、KK2、KK3、KK4、KK5(KK4 拨至"主存"挡),可实现对存储器的操作,手动操作存储器时,将 PC&AR 单元的 D0...D7 用排线接到 CPU 内总线的 D0...D7,这样可以在地址总线的地址灯上看到操作的地址。

7. 输入设备单元(IN 单元)

此单元使用 8 个拨动开关作为输入设备,其电路原理如附图 1-15 所示,左边表示的是 IN 单元的整体连接原理,右边表示的是一个拨动开关的连接原理,拨动开关采用的是双刀双掷开关,一刀用来输出数据,一刀用来在 LED 灯上显示开关状态。

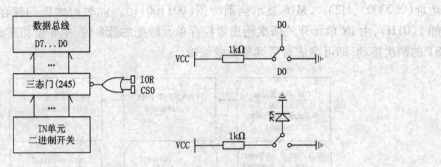

附图 1-15　IN 单元原理图

8. 输出设备单元(OUT 单元)

在 OUT 单元,数据由锁存器 74LS273 进行锁存,并通过两片 GAL16V8 进行显示译码,形成数码管显示的驱动信号,具体电路原理如附图 1-16 所示。

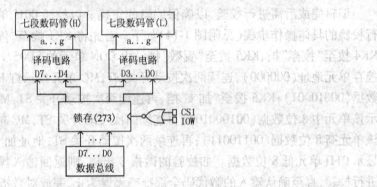

附图 1-16　OUT 单元原理图

9. 控制总线单元

此单元包含有 CPU 对存储器和 IO 进行读写时的读写译码电路(这一电路在 GAL16V8 中实现,如附图 1-17 所示)、CPU 中断使能寄存器(如附图 1-18 所示)、外部中断请求指示灯 IN-TR、CPU 中断使能指示灯 EI。

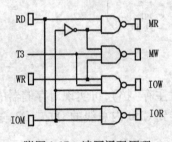

附图 1-17　读写译码原理

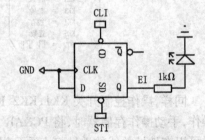

附图 1-18　CPU 中断使能寄存器

10. 数据总线单元

数据总线是 CPU 和主存以及外设之间数据交换的通道,其包含五排 8 线排针,排针的相应位已和 CPU 内总线连通。

230

11. 地址总线单元

此单元由两排 8 线排针、I/O 地址译码芯片 74LS139、地址指示灯组成。两排 8 线排针已连通,为了选择 I/O,产生 I/O 片选信号,还需要进行 I/O 地址译码,系统的 I/O 地址译码原理如附图 1-19 所示。

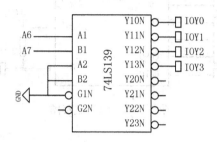

附图 1-19　I/O 地址译码原理图

由于用的是地址总线的高两位进行译码,I/O 地址空间被分为四个区,如附表 1-1 所示,地址指示显示原理同附图 1-19 中 EI 的显示。

附表 1-1　I/O 地址空间分配

A7 A6	选定	地址空间
00	IOY0	00 ~ 3F
01	IOY1	40 ~ 7F
10	IOY2	80 ~ BF
11	IOY3	C0 ~ FF

12. 存储器单元(MEM 单元)

存储器单元包括一片 SRAM 6116(静态随机存储器)和一套编程电路,如附图 1-20 所示。因为要对存储器手动进行读写,所以设计了对存储器的读写电路。

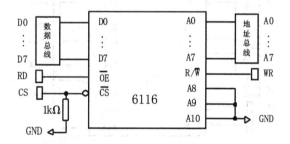

附图 1-20　存储器原理图

13. 8253 单元

此单元由一片 8253 构成,数据线、地址线、信号线均以排线引出,8253 的三个通道均开放出来,其中 GATE0 接到高电平,如附图 1-21 所示。

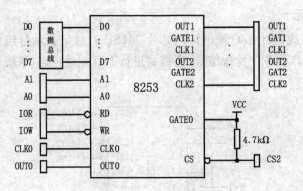

附图 1-21　8253 连接图

14. 8259 单元

此单元由一片 8259 构成,数据线、地址线、信号线均以排线引出,如附图 1-22 所示。

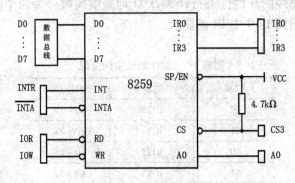

附图 1-22　8259 连接图

15. 8237 单元

此单元由一片 8237 构成,数据线、地址线、信号线均以排线引出,如附图 1-23 所示。

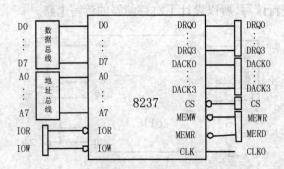

附图 1-23　8237 连接图

16. 控制台开关单元(CON 单元)

此单元包含一个系统总清按钮 CLR 和 24 个双刀双掷开关,开关分成三组,分别为 SD27…SD20、SD17…SD10 和 SD07…SD00。有部分开关有双重丝印,为的是方便接线,一个开关可能对应两个排针,根据丝印就能找到开关和排针的对应关系。开关为双刀双掷,一刀用来提供数据,一刀用来显示开关值,其原理如附图 1-24 所示(以 SD20 为例,其他相同)。

CLR 按钮连接如附图 1-25 所示,平时为高,按下后 CLR 输出变为低,为系统部件提供清零信号,按下 CLR 按钮后会清零的部件有:程序计数器 PC、地址寄存器 AR、暂存器 A、暂存器 B、指令寄存器 IR、微地址寄存器 MAR。

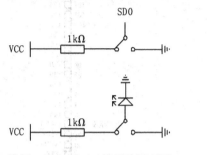

附图 1-24　双刀双掷开关原理图

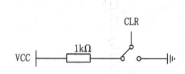

附图 1-25　CLR 按钮原理图

17. 扩展单元

此单元由 8 个 LED 显示灯,电源(+5V)和地排针以及 3 排 8 线排针组成。8 线排针相应位已连通,主要是为电路转接而设计。LED 灯电路如附图 1-26 所示(以 E0 为例,其余相同)。

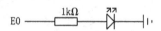

附图 1-26　LED 灯显示原理图

18. CPLD 扩展板

TD – CMA 的部分实验在 CPLD 扩展板上进行,CPLD 扩展板由两大部分组成,一是 LED 显示灯,两组 16 只,供调试时观测数据,LED 灯连接原理同附图 1-26 中 LED 灯显示原理图;另外就是一片 MAXII EPM1270T144 及其外围电路。

EPM1270T144 有 144 个引脚,分成四个块,即 BANK1...BANK4,将每个块的通用 IO 脚加以编号,就形成 A01...A24、B01...B30 等 IO 号,如附图 1-27 所示。扩展板上排针的丝印分为两部分:一部分是 IO 号,以 A、B、C、D 打头,如 A15;另一部分是芯片引脚号,是纯数字,如 21。在 Quartus II 软件中分配 IO 时用的是引脚号,而在实验接线图中,都以 IO 号来描述。

EPM1270T144 共有 116 个 IO 脚,本扩展板引出 110 个,其中 60 个装有排针,其余 50 个以预留形式给出,在扩展板上丝印标为 JP,JP 座的 IO 分配如附图 1-28 所示。

19. 逻辑测量单元

此单元包含四路逻辑示波器 CH3 ~ CH0,四路示波器的电路一样,如附图 1-29 所示(以 CH0 为例)。通过四路探笔,可以测得被测点逻辑波形,在软件界面中显示出来。

20. 系统单元(SYS 单元)

此单元是为了和 PC 联机而设计,其原理是通过单片机的串口和 PC 机的串口相连,PC 以命令形式和单片机进行交互,当单片机接收到某命令后,产生相应的时序,实现指定操作。SYS 单元还安排了一个检测电路,当总线上数据发生竞争时,蜂鸣器会发出"嘀"警报声。SYS 单元还有一个重要职责:当 ST 按钮按下时会对单片机的 INT1 产生一个中断请求,此时单片机

233

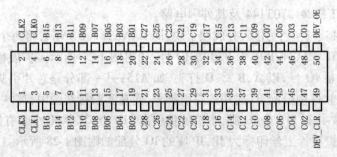

附图 1-27　EMP1270 引脚分配图

附图 1-28　JP 座 IO 分配图

附图 1-29　CH0 采样电路

根据时序单元状态开关的挡位,产生相应的时序。逻辑示波器启动后,单片机会定期采样 CH3 ~ CH0,附图 1-29 中的"连至 SYS 单元的 CH0"线就是单片机采样通道,并将采样所得数据通过串口发送到 PC 机,PC 机再根据收到的数据,在屏幕上绘制波形。

附录二   系统使用集成电路元件及功能介绍

元件 1：74LS00

74LS00 是一种典型的与非门芯片，是两输入四与非门。其引脚图如附图 2-1 所示。

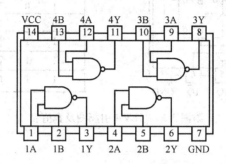

附图 2-1   74LS00 引脚图

与非门是实现与非逻辑运算的电路。与非逻辑是"与"和"非"的复合逻辑运算，即先求"与"，再求"非"的逻辑运算，又称"与非"运算。与非门具有两个或多个输入端，一个输出端。

元件 2：74LS04

74LS04 是一种典型的非门芯片，是六输入、六输出非门。其引脚图如附图 2-2 所示。

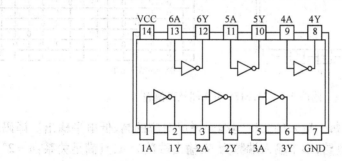

附图 2-2   74LS04 引脚图

非门是指能够实现非逻辑关系的门电路。非门只有一个输入端，一个输出端。非逻辑是指决定某事件的唯一条件不满足时该事件就发生，而条件满足时该事件反而不发生的一种因果关系。在逻辑代数中，非逻辑称为"求反"。

元件 3：74LS32

74LS32 是一种典型的或门芯片，是二输入四或门芯片。

元件 4：74LS74

74LS74 是常用的 D 触发器芯片，是带预置端、清除端正沿触发二 D 触发器。其引脚图及真值表如附图 2-3 所示。边沿 D 触发器的工作原理是：触发器在 CLK 脉冲的上升沿产生状态变化，触发器的次态取决于 CLK 脉冲上升沿前 D 端的信号，而在上升沿后，输入 D 端的信号变化对触发器的输出状态没有影响。如果在 CLK 脉冲的上升沿到来前 D = 0,则在 CLK 脉冲的上升沿到来后,触发器置 0;如果在 CLK 脉冲的上升沿到来前 D = 1,则在 CP 脉冲的上升沿到来后,触发器置 1。

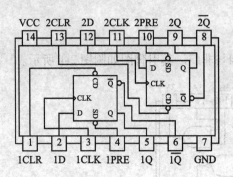

PRC	CLR	CLK	D	Q	$\overline{Q}$
0	1	×	×	1	0
1	0	×	×	0	1
0	0	×	×	1*	1*
1	1	↑	1	1	0
1	1	↑	0	0	1
1	1	0	×	Q_o	$\overline{Q}_o$

附图 2-3   74LS74 引脚图及真值表

元件 5:74LS138

74LS138 是一种典型的译码器芯片,是三输入八输出译码器(3 - 8 译码器)。其引脚图及真值表如附图 2-4 所示。

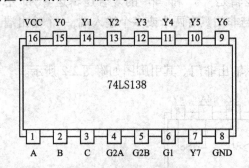

G1	G*	C	B	A	Y0	Y1	Y2	Y3	Y4	Y5	Y6	Y7
×	1	×	×	×	1	1	1	1	1	1	1	1
0	×	×	×	×	1	1	1	1	1	1	1	1
1	0	0	0	0	0	1	1	1	1	1	1	1
1	0	0	0	1	1	0	1	1	1	1	1	1
1	0	0	1	0	1	1	0	1	1	1	1	1
1	0	0	1	1	1	1	1	0	1	1	1	1
1	0	1	0	0	1	1	1	1	0	1	1	1
1	0	1	0	1	1	1	1	1	1	0	1	1
1	0	1	1	0	1	1	1	1	1	1	0	1
1	0	1	1	1	1	1	1	1	1	1	1	0

G* = G2A + G2B

附图 2-4   74LS138 引脚图及真值表

译码器的逻辑功能是将每个输入的二进制编码译成对应的高、低电平输出。译码器也是多输入、多输出的组合逻辑电路,多个输入端数为 N,输出端数为 n,且满足关系:$n = 2^N$。译码器的特点如下。

(1)译码器是多输入、多输出的组合逻辑电路,多个输入端数为 N,输出端数为 n,且满足关系 $n = 2^N$。

(2)译码器某一时刻只允许输出一个有效译码信号,这个译码信号可以是"0",也可以是"1"。当某一个译码信号为"0"时,其他信号必须全为"1";反之依然。

(3) 某一个输入与它的编码输出是唯一对应关系。

在计算机硬件系统中,译码器用于对存储单元地址的译码,即每一个地址代码转换成一个有效信号,从而选中对应的单元。

元件 6:74LS139

74LS139 也是一种典型的译码器芯片,是二输入四输出译码器(2 - 4 译码器)。其引脚图及真值表如附图 2-5 所示。

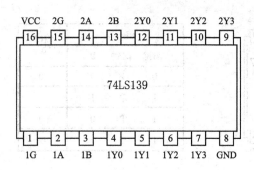

G	B	A	Y0	Y1	Y2	Y3
1	×	×	1	1	1	1
0	0	0	0	1	1	1
0	0	1	1	0	1	1
0	1	0	1	1	0	1
0	1	1	1	1	1	0

附图 2-5　74LS139 引脚图及真值表

元件 7：74LS175

74LS175 是带公共时钟和复位的四 D 触发器。其引脚图及真值表如附图 2-6 所示。

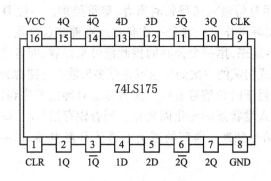

CLR	CLK	D	Q	$\overline{Q}$
0	×	×	0	1
0	↑	1	1	0
1	↑	0	0	1
1	0	×	Q. .	‾

附图 2-6　74LS175 引脚图及真值表

元件 8：74LS245

74LS245 是常用的芯片，用来驱动 LED 或者其他的设备。它是 8 路同相三态双向总线收发器，可双向传输数据。74LS245 还具有双向三态功能，既可以输出，也可以输入数据。其引脚图及真值表如附图 2-7 所示。

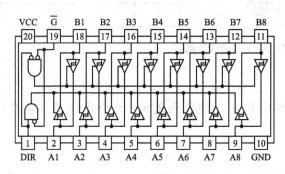

使能 G	方向控制 DIR	操作
0	0	B->A
0	1	A->B
1	×	隔开

附图 2-7　74LS245 引脚图及真值表

元件 9：74LS273

74LS273 是带公共时钟和复位八 D 触发器。其引脚图及真值表如附图 2-8 所示。

237

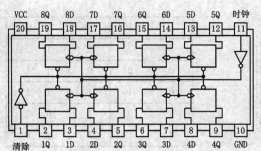

输入			输出
清除	时钟	D	Q
0	×	×	0
1	↑	1	1
1	↑	0	0
1	0	×	Q_0

附图 2-8   74LS273 引脚图及真值表

元件 10:74LS374

74LS374 是三态反向 8D 锁存器。其引脚图及真值表如附图 2-9 所示。锁存器被广泛用于计算机与数字系统的输入缓冲电路,其作用是将输入信号暂时寄存,等待处理。一位 D 触发器只能传送或存储一位二进制数据,而在实际工作中往往是一次传送或存储多位数据。为此,可以将若干个 D 触发器的控制端 CP 连接起来,用一个公共的控制信号来控制,而各个数据端仍然是各自独立地接收数据。用这种形式构成的一次能传递或存储多为数据电路称为锁存器。锁存器的工作特点是数据信号有效滞后于时钟信号有效。这意味着时钟信号先到,数据信号后到。锁存器输出端的状态不会随输入端状态的变化而变化。当有锁存信号时,输入端的状态被保存到输出端,直到下一个锁存信号到来。典型的逻辑电路是 D 触发器,其字长有 4 位、8 位。

238

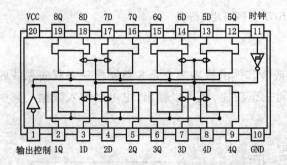

输出控制	G	D	输出
0	↑	1	1
0	↑	0	0
0	0	×	Q.
1	×	×	Z

附图 2-9   74LS374 引脚图及真值表

元件 11:GAL16V8、GAL20V8

GAL16V8、GAL20V8 是高性能 E2 CMOS PLD 通用阵列逻辑,允许快速和有效地重复编程。

附录三　74LS 系列芯片简介

74LS00	2 输入四与非门
74LS01	2 输入四与非门（oc）
74LS02	2 输入四或非门
74LS03	2 输入四或非门（oc）
74LS04	六倒相器
74LS05	六倒相器（oc）
74LS06	六高压输出反相缓冲器/驱动器（oc,30V）
74LS07	六高压输出缓冲器/驱动器（oc,30V）
74LS08	2 输入四与门
74LS09	2 输入四与门（oc）
74LS10	3 输入三与非门
74LS11	3 输入三与门
74LS12	3 输入三与非门（oc）
74LS13	4 输入双与非门（斯密特触发）
74LS14	六倒相器（斯密特触发）
74LS15	3 输入三与门（oc）
74LS16	六高压输出反相缓冲器/驱动器（oc,15V）
74LS17	六高压输出缓冲器/驱动器（oc,15V）
74LS18	4 输入双与非门（斯密特触发）
74LS19	六倒相器（斯密特触发）
74LS20	4 输入双与非门
74LS21	4 输入双与门
74LS22	4 输入双与非门（oc）
74LS23	双可扩展的输入或非门
74LS24	2 输入四与非门（斯密特触发）
74LS25	4 输入双或非门（有选通）
74LS26	2 输入四高电平接口与非缓冲器（oc,15V）
74LS27	3 输入三或非门
74LS28	2 输入四或非缓冲器
74LS30	8 输入与非门
74LS31	延迟电路
74LS32	2 输入四或门
74LS33	2 输入四或非缓冲器（集电极开路输出）
74LS34	六缓冲器
74LS35	六缓冲器（oc）

74LS36   2 输入四或非门(有选通)
74LS37   2 输入四与非缓冲器
74LS38   2 输入四或非缓冲器(集电极开路输出)
74LS39   2 输入四或非缓冲器(集电极开路输出)
74LS40   4 输入双与非缓冲器
74LS41   BCD - 十进制计数器
74LS42   4 线 - 10 线译码器(BCD 输入)
74LS43   4 线 - 10 线译码器(余 3 码输入)
74LS44   4 线 - 10 线译码器(余 3 格莱码输入)
74LS45   BCD - 十进制译码器/驱动器
74LS46   BCD - 七段译码器/驱动器
74LS47   BCD - 七段译码器/驱动器
74LS48   BCD - 七段译码器/驱动器
74LS49   BCD - 七段译码器/驱动器(oc)
74LS50   双二路 2 - 2 输入与或非门(一门可扩展)
74LS51   双二路 2 - 2 输入与或非门
74LS51   二路 3 - 3 输入,二路 2 - 2 输入与或非门
74LS52   四路 2 - 3 - 2 - 2 输入与或门(可扩展)
74LS53   四路 2 - 2 - 2 - 2 输入与或非门(可扩展)
74LS53   四路 2 - 2 - 2 - 3 输入与或非门(可扩展)
74LS54   四路 2 - 2 - 2 - 2 输入与或非门
74LS54   四路 2 - 3 - 3 - 2 输入与或非门
74LS54   四路 2 - 2 - 3 - 2 输入与或非门
74LS55   二路 4 - 4 输入与或非门(可扩展)
74LS60   双四输入与扩展
74LS61   三 3 输入与扩展
74LS62   四路 2 - 3 - 3 - 2 输入与或扩展器
74LS63   六电流读出接口门
74LS64   四路 4 - 2 - 3 - 2 输入与或非门
74LS65   四路 4 - 2 - 3 - 2 输入与或非门(oc)
74LS70   与门输入上升沿 JK 触发器
74LS71   与输入 RS 主从触发器
74LS72   与门输入主从 JK 触发器
74LS73   双 JK 触发器(带清除端)
74LS74   正沿触发双 D 型触发器(带预置端和清除端)
74LS75   4 位双稳锁存器
74LS76   双 JK 触发器(带预置端和清除端)
74LS77   4 位双稳态锁存器
74LS78   双 JK 触发器(带预置端,公共清除端和公共时钟端)

74LS80　　门控全加器

74LS81　　16 位随机存取存储器

74LS82　　2 位二进制全加器(快速进位)

74LS83　　4 位二进制全加器(快速进位)

74LS84　　16 位随机存取存储器

74LS85　　4 位数字比较器

74LS86　　2 输入四异或门

74LS87　　四位二进制原码/反码/OI 单元

74LS89　　64 位读/写存储器

74LS90　　十进制计数器

74LS91　　八位移位寄存器

74LS92　　12 分频计数器(2 分频和 6 分频)

74LS93　　4 位二进制计数器

74LS94　　4 位移位寄存器(异步)

74LS95　　4 位移位寄存器(并行 IO)

74LS96　　5 位移位寄存器

74LS97　　六位同步二进制比率乘法器

74LS100　　八位双稳锁存器

74LS103　　负沿触发双 JK 主从触发器(带清除端)

74LS106　　负沿触发双 JK 主从触发器(带预置,清除,时钟)

74LS107　　双 JK 主从触发器(带清除端)

74LS108　　双 JK 主从触发器(带预置,清除,时钟)

74LS109　　双 JK 触发器(带置位,清除,正触发)

74LS110　　与门输入 JK 主从触发器(带锁定)

74LS111　　双 JK 主从触发器(带数据锁定)

74LS112　　负沿触发双 JK 触发器(带预置端和清除端)

74LS113　　负沿触发双 JK 触发器(带预置端)

74LS114　　双 JK 触发器(带预置端,共清除端和时钟端)

74LS116　　双四位锁存器

74LS120　　双脉冲同步器/驱动器

74LS121　　单稳态触发器(施密特触发)

74LS122　　可再触发单稳态多谐振荡器(带清除端)

74LS123　　可再触发双单稳多谐振荡器

74LS125　　四总线缓冲门(三态输出)

74LS126　　四总线缓冲门(三态输出)

74LS128　　2 输入四或非线驱动器

74LS131　　3 - 8 译码器

74LS132　　2 输入四与非门(斯密特触发)

74LS133　　13 输入端与非门

74LS178	四位通用移位寄存器
74LS179	四位通用移位寄存器
74LS180	九位奇偶产生/校验器
74LS181	算术逻辑单元/功能发生器
74LS182	先行进位发生器
74LS183	双保留进位全加器
74LS184	BCD – 二进制转换器
74LS185	二进制 – BCD 转换器
74LS190	同步可逆计数器(BCD,二进制)
74LS191	同步可逆计数器(BCD,二进制)
74LS192	同步可逆计数器(BCD,二进制)
74LS193	同步可逆计数器(BCD,二进制)
74LS194	四位双向通用移位寄存器
74LS195	四位通用移位寄存器
74LS196	可预置计数器/锁存器
74LS197	可预置计数器/锁存器(二进制)
74LS198	八位双向移位寄存器
74LS199	八位移位寄存器
74LS210	2 – 5 – 10 进制计数器
74LS213	2 – n – 10 可变进制计数器
74LS221	双单稳触发器
74LS230	八 3 态总线驱动器
74LS231	八 3 态总线反向驱动器
74LS240	八缓冲器/线驱动器/线接收器(反码三态输出)
74LS241	八缓冲器/线驱动器/线接收器(原码三态输出)
74LS242	八缓冲器/线驱动器/线接收器
74LS243	4 同相三态总线收发器
74LS244	八缓冲器/线驱动器/线接收器
74LS245	八双向总线收发器
74LS246	4 线 – 七段译码/驱动器(30V)
74LS247	4 线 – 七段译码/驱动器(15V)
74LS248	4 线 – 七段译码/驱动器
74LS249	4 线 – 七段译码/驱动器
74LS251	8 选 1 数据选择器(三态输出)
74LS253	双四选 1 数据选择器(三态输出)
74LS256	双四位可寻址锁存器
74LS257	四 2 选 1 数据选择器(三态输出)
74LS258	四 2 选 1 数据选择器(反码三态输出)
74LS259	8 位可寻址锁存器

74LS381　算术逻辑单元/函数发生器
74LS382　算术逻辑单元/函数发生器
74LS384　8 位 ×1 位补码乘法器
74LS385　四串行加法器/乘法器
74LS386　2 输入四异或门
74LS390　双十进制计数器
74LS391　双四位二进制计数器
74LS395　4 位通用移位寄存器
74LS396　八位存储寄存器
74LS398　四 2 输入端多路开关(双路输出)
74LS399　四 –2 输入多路转换器(带选通)
74LS422　单稳态触发器
74LS423　双单稳态触发器
74LS440　四 3 方向总线收发器,集电极开路
74LS441　四 3 方向总线收发器,集电极开路
74LS442　四 3 方向总线收发器,三态输出
74LS443　四 3 方向总线收发器,三态输出
74LS444　四 3 方向总线收发器,三态输出
74LS445　BCD – 十进制译码器/驱动器,三态输出
74LS446　有方向控制的双总线收发器
74LS448　四 3 方向总线收发器,三态输出
74LS449　有方向控制的双总线收发器
74LS465　八三态线缓冲器
74LS466　八三态线反向缓冲器
74LS467　八三态线缓冲器
74LS468　八三态线反向缓冲器
74LS490　双十进制计数器
74LS540　八位三态总线缓冲器(反向)
74LS541　八位三态总线缓冲器
74LS589　有输入锁存的并入串出移位寄存器
74LS590　带输出寄存器的 8 位二进制计数器
74LS591　带输出寄存器的 8 位二进制计数器
74LS592　带输出寄存器的 8 位二进制计数器
74LS593　带输出寄存器的 8 位二进制计数器
74LS594　带输出锁存的 8 位串入并出移位寄存器
74LS595　8 位输出锁存移位寄存器
74LS596　带输出锁存的 8 位串入并出移位寄存器
74LS597　8 位输出锁存移位寄存器
74LS598　带输入锁存的并入串出移位寄存器

74LS599	带输出锁存的 8 位串入并出移位寄存器
74LS604	双 8 位锁存器
74LS605	双 8 位锁存器
74LS606	双 8 位锁存器
74LS607	双 8 位锁存器
74LS620	8 位三态总线发送接收器(反相)
74LS621	8 位总线收发器
74LS622	8 位总线收发器
74LS623	8 位总线收发器
74LS640	反相总线收发器(三态输出)
74LS641	同相 8 总线收发器,集电极开路
74LS642	同相 8 总线收发器,集电极开路
74LS643	8 位三态总线发送接收器
74LS644	真值反相 8 总线收发器,集电极开路
74LS645	三态同相 8 总线收发器
74LS646	八位总线收发器,寄存器
74LS647	八位总线收发器,寄存器
74LS648	八位总线收发器,寄存器
74LS649	八位总线收发器,寄存器
74LS651	三态反相 8 总线收发器
74LS652	三态反相 8 总线收发器
74LS653	反相 8 总线收发器,集电极开路
74LS654	同相 8 总线收发器,集电极开路
74LS668	4 位同步加/减十进制计数器
74LS669	带先行进位 4 位同步二进制可逆计数器
74LS670	4×4 寄存器堆(三态)
74LS671	带输出寄存的四位并入并出移位寄存器
74LS672	带输出寄存的四位并入并出移位寄存器
74LS673	16 位并行输出存储器,16 位串入串出移位寄存器
74LS674	16 位并行输入串行输出移位寄存器
74LS681	4 位并行二进制累加器
74LS682	8 位数值比较器(图腾柱输出)
74LS683	8 位数值比较器(集电极开路)
74LS684	8 位数值比较器(图腾柱输出)
74LS685	8 位数值比较器(集电极开路)
74LS686	8 位数值比较器(图腾柱输出)
74LS687	8 位数值比较器(集电极开路)
74LS688	8 位数字比较器(oc 输出)
74LS689	8 位数字比较器

74LS690   同步十进制计数器/寄存器(带数选,三态输出,直接清除)
74LS691   计数器/寄存器(带多转换,三态输出)
74LS692   同步十进制计数器(带预置输入,同步清除)
74LS693   计数器/寄存器(带多转换,三态输出)
74LS696   同步加/减十进制计数器/寄存器(带数选,三态输出,直接清除)
74LS697   计数器/寄存器(带多转换,三态输出)
74LS698   计数器/寄存器(带多转换,三态输出)
74LS699   计数器/寄存器(带多转换,三态输出)
74LS716   可编程模 n 十进制计数器
74LS718   可编程模 n 十进制计数器

参考文献

[1]唐朔飞.计算机组成原理[M].2 版.北京:高等教育出版社,2008.

[2]潘松,潘明.现代计算机组成原理[M].北京:科学技术出版社,2007.

[3]西安唐都科教仪器公司.计算机组成原理与系统结构实验教程,2007.

[4]白中英,戴志涛.计算机组成原理[M].5 版.北京:科学出版社,2013.

[5]侯伯亨,刘凯,顿新.VHDL 硬件描述语言与数字逻辑电路设计[M].3 版.西安:西安电子科技大学出版社,2009.

[6]杨军.基于 Quartus II 的计算机组成与体系结构综合实验教程[M].5 版.北京:科学出版社,2011.

[7]郑燕,赫建国,党剑华.基于 VHDL 与 Quartus II 软件的可编程逻辑器件应用与开发[M].2 版.北京:国防工业出版社,2011.